DROEMER

Jean-Luc Lehners

DER ANFANG VON RAUM UND ZEIT

Wie alles aus dem Nichts entstehen konnte

DROEMER

Besuchen Sie uns im Internet:
www.droemer-knaur.de

2. Auflage Mai 2026

Originalausgabe April 2026

Ein Imprint der Verlagsgruppe Droemer Knaur GmbH & Co. KG
Landsberger Straße 346, 80687 München

Redaktion: Jürgen Bolz
Covergestaltung: zero-media.net, München
Coverabbildung: Eugene Mymrin / Getty Images
Satz und Layout: Adobe InDesign im Verlag
Druck und Bindung: GGP Media GmbH, Pößneck
ISBN 978-3-426-56954-2

Kontaktadresse nach EU-Produktsicherheitsverordnung:
produktsicherheit@droemer-knaur.de

Der Pädiatrischen Neurochirurgie, Charité, Berlin
&
der Kindernotaufnahme und Neurochirurgie,
Ernst von Bergmann Gruppe, Potsdam

gewidmet
– mit tiefstem Dank

Inhalt

Vorwort

Bis zum Beginn des 20. Jahrhunderts war Kosmologie nicht viel mehr als Mythologie. Das soll keinesfalls unfreundlich den alten Mythen gegenüber klingen, die durchaus interessante Ideen beinhalten (und die auch teilweise in der modernen Kosmologie auftauchen). Jedoch erfolgte Anfang des 20. Jahrhunderts ein Umschwung, weil man deutlich bessere Instrumente bauen konnte, hauptsächlich bessere Teleskope und Spektroskope, die (ähnlich einem Prisma) das Licht in seine verschiedenfarbigen Bestandteile zerlegen können. Hand in Hand mit Fortschritten in der theoretischen Physik hat sich in der Folgezeit das Bild des Universums radikal geändert, es wurde, könnte man sagen, zum Musterbeispiel der neu entdeckten physikalischen Effekte. Auf der Basis vieler neuer Beobachtungen, kombiniert mit den Aussagen der damals brandneuen Allgemeinen Relativitätstheorie, ging die meiner Meinung nach bedeutendste Entdeckung der Kosmologie überhaupt hervor – die Entdeckung, dass das Universum sich ausdehnt.

Das Konzept der Entwicklung allen Lebens auf der Erde war damals schon durch Charles Darwins Evolutionstheorie formuliert worden. Dass jedoch das Universum selbst sich verändern und entwickeln kann, war eine große Überraschung. Kurz vor dieser Einsicht hatten Astronomen entdeckt, dass es nicht nur unsere Galaxie (die Milchstraße) gibt, sondern unzählige Galaxien jenseits der Milchstraße, mit großen Leerräumen dazwischen. Und dann beobachtete man, dass sich diese Galaxien fast alle voneinander entfernen. Ein Universum, das sich entwickelt, ist folglich auch ein Universum mit einer Geschichte. Ziel der Kosmologen war es fortan, diese Geschichte zu erkunden und zu verstehen. Philosophisch gesehen stellt dies einen radikalen Umschwung in der Betrachtung der Natur dar: von einem statischen, unveränderlichen Weltbild hin zu einem, in dem sich alles, sogar Raum und Zeit, verändert.

Die schockierendste Folge der Ausdehnung war zweifellos die sich daraus ergebende Überlegung, dass in der Vergangenheit alles zunehmend näher beieinander gewesen sein musste und im äußersten Fall alles in einem Punkt komprimiert sein konnte – so kam die Idee des Urknalls auf. Die Theorie des Urknalls fand große Resonanz. Sie wurde sogar von manchen Religionen, darunter der christlichen, erstaunlich schnell akzeptiert; hauptsächlich deshalb, weil der Urknall besonders gut als moderne Schöpfungsgeschichte begriffen werden konnte. Es war in diesem Sinne bestimmt auch hilfreich, dass der Belgier Georges Lemaître, der als Erster die Urknalltheorie erforschte, nicht nur Physiker, sondern zugleich auch katholischer Pfarrer war. Nichtsdestotrotz sollte man bemerken, dass es tatsächlich erst in den 1960er-Jahren gelang, den ersten überzeugenden Beweis für eine dichte, heiße frühe Entwicklungsphase zu erbringen. Dass dies keineswegs bedeutet, dass deshalb alles aus einem Punkt heraus explodiert ist, wurde dafür gerne noch ein, zwei Jahrzehnte lang übersehen.

Etwa um 1980 wurde einigen Kosmologen klar, dass der heiße Urknall nicht der Anfang gewesen sein konnte. Die Argumente hierfür werde ich im Kapitel »Kosmische Rätsel und Wunder« erläutern. Sie haben alle damit zu tun, dass die Urknalltheorie viele Aspekte des Universums nicht richtig erklären kann und diese einfach als Annahmen beinhaltet. Eine sogenannte »inflationäre Phase« wurde als »Vor-Urknallphase« vorgeschlagen. Die vermag es tatsächlich, viele dieser ungeklärten Aspekte als natürliche Resultate einer kosmischen Inflation zu erklären, teilweise unter Berücksichtigung von Effekten der Quantentheorie. So wurde zum ersten Mal die Entwicklung von Raum und Zeit (die von der Relativitätstheorie beschrieben wird) mit der Quantentheorie (die bis dahin nur genutzt wurde, um das sehr Kleine, also Elementarteilchen, Atome, Moleküle, zu beschreiben) in Verbindung gebracht.

Die Inflationstheorie ist noch nicht bewiesen. Doch falls das jemals gelingen sollte, wird dies einen weiteren Paradigmenwechsel einläuten, denn dies würde zeigen, dass die Quantentheorie nicht nur das ganz Kleine, sondern auch das ganz Große richtig beschreiben kann. Bei der Kombination von Inflationstheorie und Quantentheorie geht es um nichts weniger als um eine Erklärung des Ursprungs aller Strukturen – also eine Erklärung des Ursprungs von Sternen, Galaxien, Gas- und Staubwolken und den späteren Planeten. Eine weitere Konsequenz dieser Kombination könnte eine Erklärung für den tatsächlichen Ursprung – im wahrsten Sinne des Wortes – von Raum und Zeit bilden: als Quantensprung aus dem Nichts. Diese Idee wurde von mehreren Kosmologen schon seit Lemaîtres Zeiten vorgeschlagen, doch erst von Stephen Hawking und Jim Hartle in den 1980er-Jahren konkretisiert (in meiner eigenen Forschung arbeite ich unter anderem auch an dieser Theorie). Hawking nannte seine Version »no-boundary proposal«, man könnte das mit »randloses Universum« übersetzen. Und in seiner Autobiografie (Hawking 2013; siehe »Quellen« am Ende des Buches) schreibt er in seiner für ihn charakteristischen bescheidenen Art: »The no-boundary proposal is the key to creation, the reason we are here«, auf Deutsch: »Das randlose Universum ist der Schlüssel zur Schöpfung, die Ursache für unser Dasein.« Wir werden uns im Kapitel »Unsere Vorfahren waren Quanten« anschauen, inwiefern unser aktuelles Wissen diese These stützt und welche Beobachtungen in Zukunft Klarheit bringen könnten.

So um die Jahrtausendwende, in den Jahren 1998 bis 2003, kam es zu einer weiteren kosmischen Überraschung. Es wurde mit zunehmender Präzision beobachtet, dass sich das Universum nicht nur ausdehnt, sondern dass es seine Ausdehnung in den letzten fünf Milliarden Jahren sogar beschleunigt hat. Diese Beschleunigung ließ sich durch spätere Messungen immer weiter bestätigen, jedoch bleibt ihre Ursache ungeklärt. Weil man es nicht besser weiß, nennt man die Ursache »Dunkle Energie«.

Mit der Dunklen Energie ist es so eine ko(s)mische Sache: Man erkennt die Auswirkungen, man kann sie auch mathematisch präzise beschreiben, und doch weiß man nicht sicher, was diese mysteriöse Energie eigentlich ist und warum es sie überhaupt gibt. Sie benimmt sich wie eine Energie des leeren Raums, eine Energie, die einfach immer da ist. Ihre Rolle wird umso wichtiger, je mehr sich das Universum ausdehnt, weil alle andere Materie zunehmend verdünnt wird – die Dunkle Energie kurioserweise jedoch scheinbar nicht. Demnach bestimmt die Dunkle Energie die Zukunft unseres Universums. Was es hierzu an Möglichkeiten und Erklärungen gibt, werden wir im Kapitel »Die Zukunft sollte man nicht vorhersagen« diskutieren. Die neuesten Entwicklungen in der Kosmologie erbrachten erste Indizien, im Jahr 2024 gemessen, die andeuten, dass die Dunkle Energie entgegen der bisherigen Annahmen doch dabei sein könnte, abzunehmen. Falls das tatsächlich der Fall sein sollte, dann wird sich die Beschleunigung des sich ausdehnenden Universums reduzieren. Im extremsten Fall könnte sich das Universum nach einigen Milliarden Jahren sogar wieder zusammenziehen. Die meisten von uns werden dies wohl nicht miterleben, aber es kann durchaus Spaß bereiten, sich solch mögliche Szenarien vorzustellen.

Eine letzte große Frage, die uns in diesem Buch beschäftigen wird, ist die, ob wir die einzigen bewussten, intelligenten Bewohner des Universums sind. Sollten wir erwarten, Außerirdische anzutreffen oder deren Spuren im All zu finden? Oder umgekehrt: Was mag es wohl bedeuten, dass wir noch keine solchen Spuren gefunden haben? Vielleicht sagt uns dies ja nicht nur etwas über mögliche andere Lebewesen aus, sondern auch etwas über uns selbst und unsere Stellung im Universum.

Die tiefgreifenden Entwicklungen der letzten hundert Jahre

haben unsere Sicht auf das Universum vollständig verändert. Raum und Zeit sind alles andere als unveränderlich, sie sind nicht nur die Arena, in der alles passiert. Vielmehr *entwickeln* sich Raum und Zeit, sie können sich dehnen und krümmen, sind so veränderlich wie Materie. Raum und Zeit sind gewissermaßen eine Substanz, deren Entwicklung wir erforschen können. Hinzu kommt, dass die fundamentalen Prozesse des Universums eine gewisse Unbestimmtheit aufweisen, sie beinhalten eine Art Zufall. Das Universum besteht deshalb nicht nur aus einer einzigen Begebenheit, vielmehr tragen alle möglichen Entwicklungen zur Realität bei. Diese Überlagerung der Möglichkeiten führt einerseits dazu, dass die meisten Geschehnisse nur mit Wahrscheinlichkeiten beschrieben werden können, andererseits erlaubt sie aber auch Vorkommnisse, die in der alten, klassischen Physik eigentlich verboten gewesen wären. Das ist kein nebulöses Geschwafel – auch wenn ich verstehen kann, dass man es so empfinden mag–, sondern die beste physikalische Erklärung für alle Laborexperimente auf der Erde, für astronomische Beobachtungen von Sternen und Schwarzen Löchern und für das Entstehen der ganzen Struktur im Universum. Ziel dieses Buches ist der Versuch, diese Konzepte verständlich zu machen.

Manche von uns denken, grundlegende Erklärungen müssten nahe an alltäglichen Erfahrungen liegen, aber warum sollte das so sein? Wir beschäftigen uns hier mit dem ganz Großen und dem ganz Kleinen – wir selbst befinden uns mehr oder weniger in der Mitte. Zum Beispiel gibt es so viele Atome in unserem Körper, wie es in etwa Sterne im beobachtbaren Teil des Universums gibt. Beides ganz ähnlich riesige Zahlen. Ein anderes Beispiel? Gern: Das Alter des Universums ist im Verhältnis zur Zeit, die man braucht, um eine Tasse Kaffee zu trinken, etwa gleich dem Verhältnis der Kaffeepause zur Zeitspanne, in der Atome vibrieren. Diese Entfernung vom Großen und Kleinen macht es schwierig für unsere Intuition, die sich für das Leben auf der Erde entwickelt hat. Daher ist es erstaunlich, dass wir schon so viel übers Universum wissen. Leider lernt man dies nicht (oder zumindest ganz selten) in der Schule, auch weil die Mathematik hierfür nicht ganz einfach ist. In diesem Buch werde ich jedoch keine Mathematik anwenden, es geht vielmehr darum, die Konzepte darzustellen und deren (auch philosophische) Folgen zu untersuchen.

Der Fokus dieses Buches wird auf dem Wissen liegen, das unter Physikern etabliert ist, also durch zahlreiche Experimente und Beobachtungen bestätigt wurde, und das man mit großer Sicherheit ernst nehmen kann. Dennoch liegt es in der Natur der Sache, dass man über die Grenzen des heutigen Wissens hinausgehen möchte. Doch werde ich versuchen, spekulative Ideen klar als solche zu kennzeichnen.

Das Hauptbeispiel hierfür wird der Urknall sein. Dass das Universum früher einmal sehr heiß und dicht war, ist durch viele Beobachtungen belegt. Dass dies aber auch der Anfang des Universums gewesen sein soll, wird stark bezweifelt, aus Gründen, die wir analysieren werden. Es ist klar, dass man sich nun natürlich fragt, was denn eigentlich vor dem heißen Urknall gewesen sein könnte. Viele mögliche Antworten darauf werden von Kosmologen erforscht. Doch eine Theorie, nämlich die der kosmischen Inflation, sticht dabei besonders hervor, weil sie – zumindest im Augenblick – deutlich zahlreichere Eigenschaften unseres Universums erklären kann als andere Theorien. Die kosmische Inflation ist damit noch nicht als Faktum belegt, muss aber doch als durchaus plausible Möglichkeit gelten, und in diesem Sinne werde ich sie auch beschreiben.

Was mir am wichtigsten erscheint, ist die Einsicht, dass die Konzepte der besten physikalischen Theorien, womit die Relativitäts- und die Quantentheorie gemeint sind, einfacher, direkter und deutlich weiterführender sind als die der alten, klassischen Physik. So wurde die Welt früher aus der Vogelperspektive beschrieben – die Welt galt als mechanisches, deterministisches, unpersönliches Gebilde und war prinzipiell uneingeschränkt erforschbar. In der »neuen« Physik geht es vielmehr darum, was ein Beobachter erfährt. Wie sehe ich die Welt? Und umgekehrt: Wie sehen andere die Welt? Jeder hat seine eigenen Erfahrungen, für jeden mag die Realität leicht anders aussehen, und doch muss alles zusammenpassen. Es gibt aber keinen »Überbeobachter« mehr, für den die ganze Welt ein offenes Buch ist. Vielmehr müssen wir festhalten, dass es genauso viele Realitäten gibt wie Beobachter. Keine dieser Realitäten ist richtiger oder fundamentaler als die andere. Eine Konsequenz daraus ist, dass man deshalb konkrete Antworten nur auf konkrete Fragen erwarten darf. Ich kann also nicht fragen, was zurzeit am anderen Ende des Universums passiert. Ich kann kein Experiment durchführen, um dies herauszufinden – daher bringt es auch nichts, die Frage überhaupt zu stellen. Sie gehört ganz einfach nicht zu meiner Realität, zu meinem Weltbild. Und wenn ich trotzdem versuche, solche Fragen zu stellen, werde ich mit Gewissheit auf Paradoxien stoßen, die sich nicht auflösen lassen.

Dies führt in gewisser Weise zu einer neuen Disziplin des Geistes. Ich muss immer achtgeben, nur Fragen zu stellen, die durch Beobachtungen auch geklärt werden können. Ich kann mich nur mit dem beschäftigen, was ich auch tatsächlich (zumindest prinzipiell) herauszufinden vermag. Das klingt zuerst nach einer beachtlichen Einschränkung, führt aber auch zu einer Befreiung des Denkens. Es hat zum Beispiel keinen Zweck, dass ich mich frage: Was liegt hinter dem Universum? Die Frage ist unsinnig – es gibt kein Experiment, das mir diese Frage beantworten könnte. Wenn ich etwas beobachte, liegt es automatisch im Universum und nicht außerhalb. Daher kann, ja, muss ich die Frage einfach vergessen und mich mit produktiveren Fragen beschäftigen.

Die Physik zwingt uns sozusagen, dass wir uns auf konkrete, pragmatische Fragen fokussieren. Dazu gehört, dass wir alles als relativ betrachten sollten. Meine Welt besteht aus allem, was ich sehe, höre, fühle, denke. So baut jeder seine eigene Weltsicht auf.

Wenn jedoch etwas passiert, was zwei Beobachter angeht, so müssen sich die beiden über die Fakten einig sein. Sowohl die Relativitätstheorie wie auch die Quantentheorie sind so aufgebaut, dass dies automatisch der Fall ist. Ein einfaches Beispiel: Wenn mein Zug in einen Bahnhof einfährt, könnte sonst jemand genauso gut sagen, der Bahnhof bewege sich auf den Zug zu. Wir beide sind uns jedoch darin einig, dass der Zug irgendwann im Bahnhof ist. Ob ich sage, dass die Erde sich um die Sonne dreht oder eher die Sonne um die Erde, ist eigentlich egal. Das Wichtige ist nur die relative Bewegung.

Dies erinnert mich an eine Anekdote über Ludwig Wittgenstein (erzählt in Coleman, 1993, und von Tom Stoppard überliefert): Ein Freund des Philosophen sah Wittgenstein in Cambridge draußen an einer Ecke stehen und in den Himmel schauen. Er erkundigte sich: »Ludwig, was machst du denn da?« Woraufhin Wittgenstein antwortete: »Ich frage mich gerade, warum die Leute behaupten, es wäre ganz natürlich zu glauben, dass die Sonne sich um die Erde dreht.« Der Freund fand: »Ja, aber das ist doch so, weil es eben einfach so aussieht, als würde sich die Sonne um die Erde bewegen.« Wittgenstein dachte einen Moment lang nach und konterte: »Dann sag mir bitte: Wie würde es aussehen, wenn es genau umgekehrt wäre?«

Vorab möchte ich aber gern noch etwas klären: Ich weiß, dass es manche Menschen anfangs irritieren wird, wenn ich zum Beispiel so etwas schreibe wie: »Die Relativitätstheorie hat das frühe Universum geprägt.« Das kommt daher, dass viele es für selbstverständlich halten, dass »Universum« ein unveränderlicher Begriff ist. Doch dem ist nicht so. Was wir unter »Universum« verstehen, hat sich in den letzten hundert Jahren genauso geändert wie die Physik. Ein verbundenes Beispiel: Noch niemand hat die Ausdehnung des Universums gefühlt (oder erlebt). Doch die Relativitätstheorie beschreibt diese Möglichkeit, und die passt ganz gut mit unseren astronomischen Beobachtungen zusammen. Daher denken wir jetzt, dass dies die schlüssigste Erklärung ist und dass sich der Raum tatsächlich an vielen Orten im Universum ausdehnt. Diese Erkenntnis hat die Bedeutung des Begriffes »Raum« völlig verändert. Anders gesagt: Die Theorien und die Begriffe, die wir nutzen, um unsere Realität zu beschreiben, entwickeln sich parallel zueinander weiter, bis alles zusammenpasst. Und um diese Entwicklung herum wird sich vieles in diesem Buch drehen. Dieses Thema ist auch relevant für die Frage, ob Naturgesetze erfunden oder entdeckt werden – eigentlich stimmt beides!

Es ist schon erstaunlich, wie schnell die Menschen ihren Horizont erweitert haben. Über Millionen von Jahren wussten unsere Vorfahren nur etwas über Gegenden, die weniger als hundert Kilometer von ihrem Geburtsort entfernt waren. Die alten Griechen haben angefangen, die Welt zu vermessen, und versucht, sie auch quantitativ, mithin geometrisch zu verstehen. Erst vor etwa 400 Jahren, mit Isaac Newton und seinen Kollegen, gelang ein Verständnis von den Planetenbahnen im Sonnensystem. Und eine präzise Messung der Distanz von der Erde zur Sonne wurde im 18. Jahrhundert durch Messungen der Venusdurchgänge vor der Sonne erreicht. In den letzten hundert Jahren machte unser Wissen plötzlich einen drastischen Sprung über unsere Milchstraße hinaus. Mittlerweile reicht unser Wissen fast vierzehn Milliarden Jahre in die Vergangenheit, und das für uns beobachtbare Universum erstreckt sich derzeit zu einer Größe von über neunzig Milliarden Lichtjahren Durchmesser (wobei, um präzise zu sein, man dabei im Kopf behalten sollte, dass die entlegensten Gegenden zum Zeitpunkt des Aussendens der von uns beobachteten Lichtstrahlen noch etwa tausendmal kleiner als heute waren – siehe erstes Kapitel). Diese grandiose Steigerung verblüfft jedes Mal, wenn man sie sich durch den Kopf gehen lässt. Doch jetzt wird es Zeit, tiefer einzusteigen.

Kosmos – mit erstaunlich wenig Chaos

Das Problem ist, dass das Universum so groß ist. Deshalb hat es auch so lang gedauert, bis wir erkannt haben, dass die funkelnden Lichter am Nachthimmel und die wahnsinnig helle Sonne tagsüber sich sehr ähnlich sind, dass es eigentlich alles Sterne sind. Nur sind die anderen Sterne alle unglaublich viel weiter entfernt als die Sonne. Das mussten die Menschen erst einmal realisieren. Wegen der Größe des Universums wusste man auch lange Zeit nicht, dass es Galaxien gibt (die problemlos hundert Milliarden Sterne beherbergen können) und wir selbst in einer Galaxie leben. Ich möchte hier nicht die ganze Entwicklung der Astronomie darstellen – dazu gibt es viel Literatur –, ich möchte nur festhalten, dass vor etwa hundert Jahren ein wahrhaftiger Sprung in unserem Wissen stattfand und dass unsere heutige Sicht auf das Universum, mit der wir uns jetzt befassen werden, sich erst seit dieser Zeit herauskristallisiert hat.

Ein Rundgang

Wir sitzen also auf unserem kleinen, runden Planeten und schauen in den Himmel. Nach etwa hundert Kilometern ist die Atmosphäre schon überwunden, und wir sind im All. In allen Richtungen sind wir vom All umgeben. Unser direkter Begleiter ist der Mond, der aber schon fast 400 000 Kilometer entfernt ist (das entspricht der Höhe, die man erreichen würde, wenn man die Hälfte aller Europäer aufeinanderstellen würde). Einige Planeten haben keine Monde, einige haben Dutzende, die Erde hat halt einen.

Das Besondere an unserem Mond ist, dass er uns immer dieselbe Seite zeigt. Denn wenn der Mond um die Erde kreist, dann dreht er sich exakt so schnell um sich selbst, dass er uns immer nur diese eine Seite zeigt. Bis zur Entwicklung der Raumfahrt hatte also noch niemand die uns abgewandte Seite des Mondes gesehen (ein Foto befindet sich im Bildtafelteil). Das klingt nach Magie, ist aber eine Konsequenz der Schwerkraft.

Allgemeine Anziehung

Alles, was Masse hat, zieht alles andere, was Masse hat, an. Das ist die Schwerkraft oder auch Gravitationskraft. Wir werden bald sehen, dass man diese Kraft auch durch die Krümmung des Raums beschreiben kann. Aber erst einmal bleiben wir bei der alten Beschreibung, welche Isaac Newton entdeckt hatte. Die Schwerkraft wirkt stärker, wenn die Massen größer sind. Und sie wirkt schwächer, wenn die Massen weiter voneinander entfernt sind. Sind sie zweimal so weit voneinander entfernt, ist sie viermal schwächer; sind sie dreimal so weit entfernt, dann ist sie neunmal schwächer usw. Diese Kraft wirkt auch zwischen uns und der Erde – sie

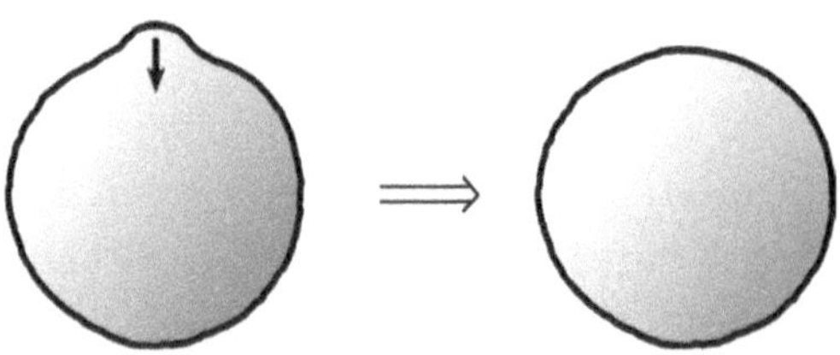

Skizze 1 Gäbe es auf der Erde einen riesigen Berg, so würde die restliche Masse der Erde diesen so anziehen, dass er auf Dauer abflachen würde. Kleinere Erhebungen, wie z. B. der Mount Everest, kommen freilich immer wieder vor, verursacht durch tektonische Plattenbewegungen.

ist dafür verantwortlich, dass wir auf der Erde stehen/sitzen/liegen können. Ansonsten würden wir einfach ins All driften. Stellen Sie sich nun vor, es gibt auf einem Planeten einen riesig großen Berg. Dieser wird dann vom ganzen Rest des Planeten angezogen, und der Berg wird flacher. Auf Dauer wird der Planet auf diese Art rund, und wenn er rund ist, dann ist alles im Gleichgewicht. Daher sind die Planeten, und auch die Sterne, nahezu rund. Es gibt natürlich Berge auf der Erde, doch die sind, verglichen mit der Größe der Erde, eigentlich ganz klein (der Mount Everest ist gut acht Kilometer hoch, aber die Erde hat einen Durchmesser von etwa 12700 Kilometern).

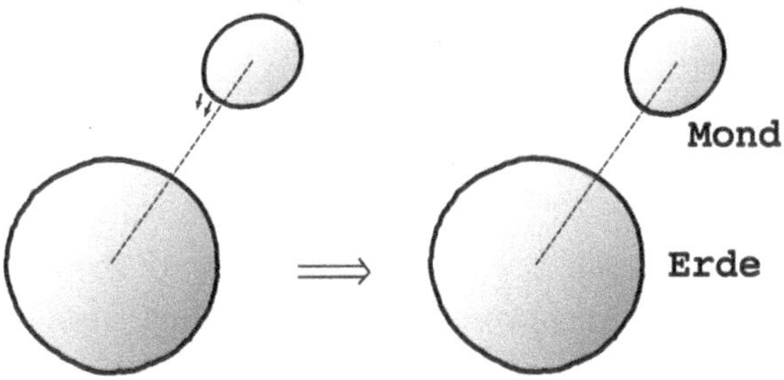

Skizze 2 Die Schwerkraft zwischen Erde und Mond ist so stark, dass der Mond uns immer dieselbe Seite zeigt.

Der Mond ist aber, wie ja auch die Erde, nicht perfekt rund. Er ist leicht oval. Die längere Achse zeigt auf die Erde hin. Weicht sie ein bisschen davon ab (Skizze 2, links), wird sie von der Masse der Erde zurückgezogen, und das entsprechende Gleichgewicht wird wiederhergestellt (Skizze 2, rechts). Das bedeutet also, dass diese längere Achse immer auf die Erde zeigt und der Mond uns immer dieselbe Seite zeigt. Der Mond dreht sich also einmal um sich selbst in genau der Zeitspanne, die er für eine Erdumrundung braucht. Man sagt auch, dass die Drehung des Mondes an die Erde gebunden ist.

Dies hat folgende Konsequenz: Stelle ich mir vor, ich stehe auf dem Mond, so steht die Erde immer am gleichen Platz am Himmel! Es gibt also auf dem Mond keinen Erdauf- oder Erduntergang. Die Sonne, die anderen Planeten und die Sterne drehen sich zwar um den Mond. Aber die Erde steht immer am selben Ort am Mondhimmel. Wo genau, hängt dann davon ab, wo man sich auf dem Mond befindet. (Das berühmte »Earthrise«-Foto der aufgehenden Erde über dem Mond wurde aus der Apollo-8-Kapsel im Orbit geschossen, also in Bewegung und nicht auf dem Mond selbst. Das Bild sehen Sie im Bildtafelteil.)

Es gibt eine weitere Besonderheit, was unseren Mond angeht, und die ist, soweit ich weiß, bis heute nicht zu erklären: Der Mond hat genau dieselbe Größe am Himmel wie die Sonne. Die Sonne ist zwar 400-mal größer als der Mond, jedoch auch 400-mal weiter von der Erde entfernt. Warum das genau so ist, weiß niemand. Es wird auch nicht für immer so bleiben, denn durch winzige Reibungskräfte entfernt sich der Mond ganz langsam von der Erde. Aber diese Kuriosität der Größenverhältnisse führt dazu, dass es Sonnenfinsternisse geben kann, bei denen der Mond die Sonne exakt verdeckt. Manchmal frage ich mich, ob diese spektakulären Ereignisse die Entwicklung der Menschheit angespornt haben, doch dies ist natürlich nur Spekulation. Jedoch stelle man sich vor: Bei den Maya in Mittelamerika haben Astronomen auf sehr präzise Art über viele Jahrzehnte hinweg und ohne Hilfe von Teleskopen die Bewegungen von Mond, Planeten und Sonne aufgeschrieben. Auf diese Weise konnten sie feststellen, dass Sonnenfinsternisse nur in ganz bestimmten Perioden möglich sind, und so konnten sie irgendwann Finsternisse vorhersagen. Das muss schon ein gutes, man könnte vermuten gewaltiges Gefühl gewesen sein, die Natur auf einmal auf diese neue Art zu verstehen!

Doch fahren wir mit unserer kleinen Reise fort. Unser Sonnensystem beinhaltet als bei Weitem massereichstes Objekt die Sonne, die so groß ist, dass sie eine Million Erden verschlucken könnte. Dann gibt es vier steinige Planeten (Merkur, Venus, Erde, Mars) und weiter weg vier größere, aus Gas und Eis bestehende Planeten (Jupiter, Saturn, Uranus, Neptun). Die meisten Planeten haben Monde, und die meisten Planeten sind nach römischen Göttern benannt (wobei deren Monde eher griechische Namen tragen, wie zum Beispiel Ganymed, Rhea, Iapetos oder auch Phobos und Deimos, »Furcht« und »Schrecken«). Zusätzlich gibt es unzählige Stein- und Eisbrocken, die teilweise viel weiter entfernt als die Planeten um die Sonne kreisen: So befindet sich etwa ein ganzer Gürtel von Asteroiden (Steinbrocken) zwischen den Mars- und Jupiterumlaufbahnen sowie der Kuipergürtel jenseits der Neptunbahn. Es gibt Zwergplaneten (wie Pluto und Ceres), die meist auch viel weiter als Neptun entfernt sind. Und es gibt Kometen (Eisbrocken), die schmelzen, wenn sie der Sonne näher kommen, und daher diese schönen Schweife bilden.

So viel zu unserem Sonnensystem. Man denkt, dass etwa die Hälfte aller Sterne von Planeten umgeben sind. Bis zum nächsten Sternensystem ist es aber schon ordentlich weit. Nach der Sonne ist der nächstgelegene Stern Proxima Centauri, etwa 40 000 Milliarden Kilometer von uns entfernt. Dieser Stern gehört einem Sternensystem an, das nicht nur mehrere Planeten aufweist, sondern auch drei Sterne. (Science-Fiction-Fans kennen dieses System vielleicht aus dem Roman *Die drei Sonnen* von Liu Cixin oder aus der entsprechenden Netflix-Serie. Man kann dieses Sternensystem leider von Europa aus nicht beobachten; hierfür muss man sich südlicher auf der Erde befinden.) Es ist nicht so selten, dass auch Sterne sich gegenseitig umkreisen.

Jetzt stoßen wir aber an eine Schwierigkeit mit unseren Distanzmessungen. Wenn es schon so ungeheuer weit bis zum nächsten Sternensystem ist, dann wird es umständlich werden, weiterhin in Kilometern zu messen. Es gibt ein sehr viel praktischeres System in der Astronomie, und das basiert auf dem Licht. Wie jeder weiß, bewegt sich das Licht mit 299 792 458 Metern pro Sekunde. Zum Mond braucht das Licht demnach nur etwas mehr als eine Sekunde, zur Sonne sind es circa acht Minuten. Man sagt dann, dass die Sonne acht Lichtminuten entfernt ist. Proxima Centauri ist, mit dieser Einheit gemessen, vier Lichtjahre entfernt. Konkret heißt das: Sogar das Licht braucht vier Jahre, um vom nächsten Sternensystem zu uns zu gelangen. Und das Licht bewegt sich so schnell, wie es nur möglich ist. Darauf kommen wir gleich zurück.

Die Sterne sind also alle ungeheuer weit von uns entfernt. Dennoch sind sie dank der Schwerkraft in riesigen Strukturen, die wir Galaxien nennen, gebunden. Alle Sterne, die wir nachts mit bloßem Auge am Himmel sehen können, gehören zu »unserer« Galaxie, der Milchstraße. Die Milchstraße hat eine pfannkuchenartige Form, besteht aus über 100 Milliarden Sternen und deren Planeten sowie zahlreichen Gaswolken und ist eine eher typische spiralförmige Galaxie. Sehen Sie sich auch das Bild der (unserer ganz ähnlichen) Galaxie M106 im Bildtafelteil an – wir können die Milchstraße selbst nicht von außen fotografieren, da wir uns mittendrin befinden. Die Milchstraße hat einen Durchmesser von über 100 000 Lichtjahren, und wir befinden uns in einem der Spiralarme (den wir Orionarm nennen), etwa 26 000 Lichtjahre vom Zentrum entfernt.

Sterne der Milchstraße, welche uns sehr nah und/oder sehr hell sind, erkennen wir als einzelne funkelnde Objekte am Nachthimmel. Sie sind typischerweise einige Dutzend Lichtjahre von uns entfernt. Doch den Großteil der Sterne der Milchstraße können wir mit bloßem Auge nicht individuell erkennen – in klaren Nächten sehen wir sie als wolkiges, milchiges Band am Himmel, daher auch der Name Milchstraße. Die Form eines Bandes beruht auf der abgeflachten Form der Milchstraße und darauf, dass wir uns halt mitten in diesem »Pfannkuchen« befinden.

Mit den Galaxien verhält es sich dann noch mal so ähnlich wie mit den Sternen: Es gibt Milliarden Galaxien, und die sind typischerweise sehr weit voneinander entfernt. Die üblichen Distanzen zwischen Galaxien betragen mehrere Millionen Lichtjahre. Galaxien können sich aber auch umkreisen und sind manchmal in Haufen gruppiert, wie das Stephansquintett, das Sie im Bildtafelteil sehen. Im ganz Großen kann man sich das Universum wie einen riesigen Schaum vorstellen, bei dem die Seife aus Galaxien besteht, welche große Leerräume umranden. An manchen Stellen (da, wo die »Seife« sich verdichtet) bilden sich auch Superhaufen, also Haufen aus Galaxienhaufen.

Diese sind, soweit wir es derzeit wissen, die größten durch die Schwerkraft gebundenen Strukturen im Universum.

Damit haben wir uns erst mal einen kleinen Überblick über die Zutaten des Universums verschafft. Ein bisschen Geografie oder, besser gesagt, Kosmografie. Doch dies ist nur der erste Schritt.

Lichtgeschwindigkeit

Kommen wir zurück zur Lichtgeschwindigkeit. Wie Albert Einstein und einige seiner Kollegen Anfang des 20. Jahrhunderts herausfanden, ist die Lichtgeschwindigkeit die maximal mögliche Geschwindigkeit. Nichts bewegt sich schneller als das Licht. Und das Licht selbst bewegt sich (im leeren Raum) immer mit Lichtgeschwindigkeit – es kann nicht abbremsen oder stehen bleiben, es fliegt notgedrungen immer mit Lichtgeschwindigkeit herum. Im Alltag bemerken wir diese Geschwindigkeit eigentlich überhaupt nicht. Schalte ich am Motorrad den Scheinwerfer ein, so wird die Straße (so weit ich es erkennen kann) sofort ausgeleuchtet. Beim Schall ist dies zum Beispiel anders: Schlägt ein Blitz ein, so sehen wir dessen Licht sofort, aber es dauert meist ein paar Sekunden, bis der Schall zu unseren Ohren vorgedrungen ist. (Schall besteht aus Druckwellen der Luft, und diese breiten sich mit nur etwa 340 Metern in der Sekunde aus – bei einem Blitz in zwei Kilometern Entfernung hören wir den Donner daher erst nach sechs Sekunden.)

Bei den riesigen Distanzen im Weltall wird die Lichtgeschwindigkeit dann doch zusehends spürbar. In unserem Sonnensystem ist der Effekt noch nicht extrem: Das Licht braucht, wie schon erwähnt, acht Minuten, um von der Sonne zur Erde zu gelangen. Daher sehen wir die Sonne nicht so, wie sie jetzt ist, sondern wie sie vor acht Minuten aussah, als das Licht dort ausgesendet wurde. Wie sie jetzt aussieht, werden wir erst in acht Minuten erfahren. Den weiter entfernten Saturn hingegen sehen wir so, wie er vor einer guten Stunde aussah.

Wenn wir jetzt immer tiefer ins Universum schauen, blicken wir immer weiter in die Vergangenheit. Einige gut sichtbare Sterne am Nachthimmel sind über hundert Lichtjahre entfernt. Wir sehen diese Sterne also zu einem Zeitpunkt, an dem die meisten von uns noch nicht geboren waren. Frappierender wird es, wenn wir mit Teleskopen andere Galaxien anvisieren. Sogar unsere Nachbargalaxie Andromeda ist schon zwei Millionen Lichtjahre entfernt. Wir können sie also nur so sehen, wie sie vor zwei Millionen Jahren aussah. Umgekehrt würden hypothetische Kreaturen in der Andromedagalaxie aktuell die Milchstraße zu einem Zeitpunkt sehen, als es noch nicht einmal Menschen auf der Erde gab. Dies ist die erste wichtige Erkenntnis über Raum und Zeit:

Wir sehen die Vergangenheit des Universums – weit schauen heißt weit in die Vergangenheit schauen.

Man könnte auch sagen, dass wir die Geschichte des Universums sehen. Doch wir sehen sie auf eine ganz bestimmte Art und Weise. Regionen in unserer kosmischen Nähe, wie zum Beispiel unser Sonnensystem, sehen wir fast zum gegenwärtigen Zeitpunkt. Doch schon das andere Ende unserer eigenen Galaxie sehen wir mehr als 50 000 Jahre in der Vergangenheit. Und die am weitesten beobachtbaren Galaxien sehen wir, wie sie vor zehn Milliarden Jahren aussahen. Wir können deshalb gar nicht wissen, ob es diese Galaxien heute überhaupt noch gibt.

Das Ganze ist ein bisschen so, als würde man im Geschichtsunterricht nur lernen, was in den letzten zehn Jahren in Deutschland passiert ist, was vor fünfzig Jahren in Frankreich, Finnland und Rumänien los war, welche Ereignisse es vor hundert Jahren in Marokko und Kasachstan gab, was vor 500 Jahren in Tansania und vor 2000 Jahren in Neuseeland geschehen ist. Und das wäre dann die ganze Weltgeschichte. Es liegt auf der Hand, dass das nicht reichen würde, um sich ein Gesamtbild von der Entwicklung der Menschheit in den letzten zwei Jahrtausenden zu machen.

Im Universum ist dieser Blick in die Vergangenheit hingegen sehr viel aufschlussreicher. Das hat mit einer einfachen, aber absolut fundamentalen Eigenschaft unseres Universums zu tun: Unser Universum sieht, grob gesehen, in alle Richtungen gleich aus. Was ist damit gemeint? Sobald wir über unsere eigene Galaxie hinwegschauen, sehen wir in jeder Richtung etwa gleich viele Galaxien, die vergleichbar groß sind, ähnlich verteilt sind und sich in einem annähernd gleichen Entwicklungsstadium befinden. Anders gesagt, das Universum scheint sich überall auf ganz ähnliche Weise entwickelt zu haben. Es gibt auf den größten beobachtbaren Skalen von Hunderten von Millionen Lichtjahren keine wirklichen Unterschiede im Universum. Es ist etwa so, als ob sich auf allen Kontinenten der Erde die Menschen gleich entwickelt hätten, als würden sie alle dieselbe Sprache sprechen, als hätten sie dieselben Erfindungen gemacht, würden dieselben Kleider tragen und als wäre auch das Wetter überall gleich.

Zwei Dinge sollten jedem, der sich über diese Tatsache ein paar Gedanken macht, klar werden: 1. Das ist die Hauptursache, warum wir so viel über das Universum wissen. Denn wenn das

Universum sich grob gesehen überall gleich entwickelt hat und wir es auch noch an verschiedenen Orten zu verschiedenen Zeiten beobachten können, dann können wir daraus eine grobe Geschichte *aller* Orte im Universum ableiten. Und 2. Das kann kein Zufall sein! Wir würden gerne verstehen, warum das Universum sich überall annähernd gleich entwickelt hat. Wie das Beispiel einer analogen Entwicklung auf der Erde hoffentlich gezeigt hat, ist solch eine einheitliche Entwicklung keinesfalls garantiert. Sie ist sogar absolut unerwartet und bizarr. Interessanterweise ist es noch nicht abschließend geklärt (wie die Mediziner sagen), warum das so ist. Im nächsten Kapitel werden wir uns mit einer möglichen Erklärung beschäftigen. Für diesen Moment akzeptieren wir diese Eigenschaft einfach als Tatsache.

Kommen wir nochmals kurz zurück auf diese Eigenschaft, dass wir immer nur die Vergangenheit sehen, weil die Lichtgeschwindigkeit begrenzt ist und das Licht also Zeit braucht, um vom beobachteten Objekt zu uns zu gelangen. Dass die Lichtgeschwindigkeit eine besondere Rolle spielt, kam aus Studien von Elektrizität und Magnetismus so gegen Ende des 19. Jahrhunderts heraus. Der schottische Physiker James Clerk Maxwell hat damals herausgefunden, dass man Licht als elektromagnetische Wellen beschreiben kann (die heutige Sicht, dass Licht aus Quanten, also »kleinen Stücken« des elektromagnetischen Feldes besteht, diskutieren wir später). Man kann also auch sagen, dass Elektrizität und Magnetismus sich mit Lichtgeschwindigkeit ausbreiten. Darauf aufbauend hat der Niederländer Hendrik Antoon Lorentz gezeigt, wie die Beschreibung von Elektrizität und Magnetismus sich ändert, wenn Objekte sich bewegen. Dabei bleibt aber eine Quantität immer unverändert, nämlich die Lichtgeschwindigkeit. Und Albert Einstein nahm diese Erkenntnis als Ausgangspunkt für die erste Version der Relativitätstheorie, die er 1905 veröffentlichte.

Doch warum hat diese eine Erkenntnis (die Konstanz der Lichtgeschwindigkeit) Einstein so angesprochen? Warum war sie so wichtig? Wohl weil sie auf den ersten Blick so unglaubwürdig und keineswegs intuitiv erscheint. Lassen Sie mich ein Beispiel geben: Meine Tochter schießt mir einen Ball mit 10 km/h zu. Ich fange ihn und kann bestätigen, dass er mit einer Geschwindigkeit von 10 km/h bei mir ankam. Jetzt fährt meine Tochter mit ihrem Fahrrad auf mich zu, sagen wir mit 15 km/h, und schießt mir wiederum den Ball – aus ihrer Fahrrad-Sicht – mit 10 km/h zu. Wenn ich den Ball jetzt fange, kann ich messen, dass er mit 25 km/h bei mir ankam. So weit, so gut.

Jetzt wiederholen wir das Experiment mit einer Taschenlampe. Meine Tochter knipst eine Taschenlampe an und richtet sie auf mich. Weil ich Physiker bin, habe ich selbstverständlich ein Messgerät dabei und kann feststellen, dass das Licht mit Lichtgeschwindigkeit c (so wird diese meist von Physikern geschrieben, das ist einfacher, als diese große Zahl hinzuschreiben) ankam. Und nun wiederholen wir das Ganze mit dem Fahrrad. Meine Tochter fährt mit 15 km/h auf mich zu und knipst nun die Lampe an. Man würde denken, das eintreffende Licht müsste diesmal mit c+15 km/h ankommen – doch das tut es nicht. Das Licht kommt wiederum mit Geschwindigkeit c an, obwohl meine Tochter auf mich zufährt! Und es ist völlig egal, wie schnell sie auf mich zufährt. Sogar wenn sie mit halber Lichtgeschwindigkeit auf mich zufahren und auf mich leuchten würde, würde das Licht immer noch mit genau der Lichtgeschwindigkeit c ankommen und nicht schneller. Wie kann das sein? Dieses Rätsel erkannte Einstein – und löste es.

Um die Lösung zu verstehen, müssen wir uns fragen, wie wir Geschwindigkeit überhaupt messen. Das ist nicht so schwer: Sagen wir, ich jogge gemütlich und komme alle 10 Sekunden etwa 30 Meter weiter. Ich habe also eine Distanz von 30 Metern in einer Zeitspanne von 10 Sekunden zurückgelegt. Im Durchschnitt sind das 3 Meter in der Sekunde. Meine Geschwindigkeit beträgt demnach 3 m/s. Mit dieser Geschwindigkeit würde ich in einer Stunde (also in 3600 Sekunden) 10,8 Kilometer zurücklegen, sodass ich auch sagen kann, dass ich mit 10,8 km/h jogge. Das Wichtige ist, dass man sowohl eine Distanz als auch eine entsprechende Zeitspanne messen muss, um diese dann miteinander zu vergleichen. Und nun kommt Einsteins genialer Gedanke: Wenn die Lichtgeschwindigkeit unverändert bleibt, dann müssen sich wohl Raum und Zeit ändern, und zwar genau so, dass wir die Geschwindigkeit des Lichts immer als c messen.

Raum und Zeit ändern sich mit der Bewegung.

Dies wurde in zahlreichen Experimenten überprüft und gilt tatsächlich als Eigenschaft der Natur. Doch warum haben die Menschen das nicht schon früher bemerkt? Ganz einfach: Weil die Lichtgeschwindigkeit so enorm hoch ist und die Verlängerung bzw. Verkürzung von Raum und Zeit erst bei sehr hohen Geschwindigkeiten bemerkbar wird. Streng betrachtet kommt der Ball, den meine Tochter von ihrem Fahrrad auf mich schießt, dann auch nicht mit 25 km/h bei mir an, sondern eher mit 24,999999999999997 km/h. Aber wem fällt das schon auf?

Manch einer mag sich da fragen: Wie würde die Welt denn bei hoher Geschwindigkeit aussehen? Sehr verformt, lautet die kurze Antwort. Stellen wir uns vor, wir fliegen mit Fast-Lichtgeschwindigkeit über die Erdoberfläche. Objekte direkt vor uns würden dann kürzer erscheinen, als sie es tatsächlich sind. Den größten Effekt sieht man aber erst bei Objekten, an denen man seitlich vorbeifliegt, also wenn man links oder rechts aus dem Raumschiff herausschauen würde. So würde beispielsweise eine Straßenlampe nicht mehr gerade aussehen, sondern eine hyperbolische Form annehmen (dies ist in Skizze 3 illustriert). Das kommt daher, dass das Licht der Extremitäten schon früher losfliegen musste – als wir also noch nicht so weit an der Lampe vorbei waren–, um unser Auge genau jetzt zu erreichen. Aus demselben Grund würde ein Haus auch gedreht aussehen. Sprich: In dem Moment, in dem wir der Haustür am nächsten sind, sehen wir trotzdem noch die Seite des Hauses, da das Licht dieser Seite länger unterwegs war und uns erst jetzt erreicht.

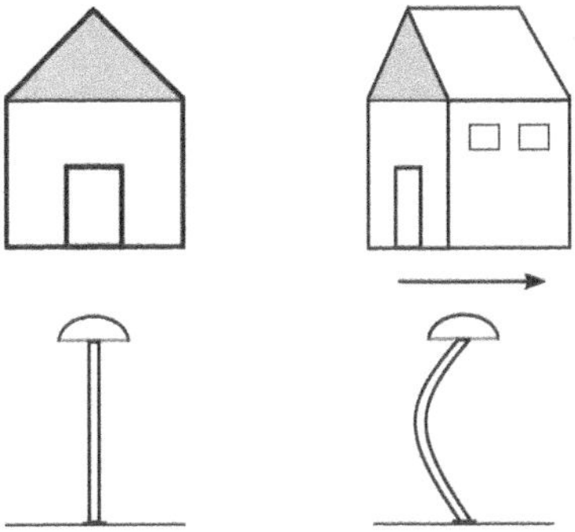

Skizze 3 Die Wahrnehmung von Objekten im Ruhezustand (links) und bei hoher Geschwindigkeit (rechts).

Solch hohe Geschwindigkeiten sind aber sehr schwer zu erreichen. Einstein hat herausgefunden, dass man bei zunehmender Geschwindigkeit auch mehr Masse hat. Es wird also immer schwerer, weiter zu beschleunigen und seine Geschwindigkeit weiter zu erhöhen. Dieser Effekt wird besonders bedeutsam, wenn man schon 10 Prozent oder mehr der Lichtgeschwindigkeit erreicht hat. Bei annähernd Lichtgeschwindigkeit verstärkt sich dieser Effekt in einem solchen Maße, dass man die Lichtgeschwindigkeit überhaupt nicht erreichen kann – die Masse wäre dann unendlich groß. Außer man hat von Anfang an gar keine Masse, dann wird diese auch nicht größer. So verhält es sich mit dem Licht: Das Licht hat keine Masse und fliegt daher (notgedrungen) mit Lichtgeschwindigkeit. So passt das Ganze zusammen.

Damit ist auch klar, dass die Lichtgeschwindigkeit eine absolute Grenze darstellt. Alles, was Masse hat, ist langsamer. Und alles, was keine Masse hat, bewegt sich mit Lichtgeschwindigkeit, aber nichts kann schneller sein. Deswegen ist die Lichtgeschwindigkeit auch eine Kausalitätsgrenze: Ich kann von nichts beeinflusst werden, was so weit von mir entfernt ist, dass es mich selbst mit Lichtgeschwindigkeit nicht erreichen könnte. Ein konkretes Beispiel: Ereignisse, die mehr als fünf Lichtjahre von uns entfernt passieren, können uns in den nächsten fünf Jahren nicht erreichen; ja, wir können nicht einmal wissen, dass sie geschehen sind. Können wir dann überhaupt sagen, dass solche Ereignisse existieren?

Einen interessanten Reiseplan (der mich sehr überraschte, als ich ihn zum ersten Mal hörte und nachrechnete) möchte ich noch beschreiben, bevor wir uns weiter mit der Entwicklung des Universums beschäftigen. Dieser Reiseplan hat wiederum mit der Frage zu tun, was passiert, wenn man sich mit sehr hoher Geschwindigkeit bewegt. Dann läuft nämlich auch die Zeit für Reisende deutlich langsamer ab als für Außenstehende. Wie alle anderen relativistischen Effekte wird dieses Phänomen umso dramatischer, je näher man an die Lichtgeschwindigkeit herankommt.

Man kann Folgendes berechnen: Stellen Sie sich nochmals vor, Sie sitzen in einem Raumschiff und peilen dieses Mal das Zentrum unserer Galaxie an. Jetzt beschleunigen Sie, und zwar konstant, mit 1 g (etwa 10 m/s^2, das ist die Beschleunigung auf der Erde, sie entspricht der Kraft, mit der uns die Erde auf dem Boden hält). In der Rakete können Sie also bequem stehen/sitzen/liegen, ganz wie auf der Erde. Nur dass Sie konstant beschleunigen, und zwar zehn Jahre lang. Nach den zehn Jahren sind Sie sehr nahe an die Lichtgeschwindigkeit herangekommen. Jetzt müssen Sie wieder abbremsen, sonst fliegen Sie glatt am Zentrum der Galaxie vorbei. Dafür drehen Sie die Rakete um und entschleunigen in genau demselben Maß. Ihre Geschwindigkeit wird sich nach und nach verringern, genau zeitgespiegelt verglichen mit der Beschleunigungsphase. In der Zeit des Abbremsens können Sie wiederum wie gewohnt stehen/sitzen/liegen, nur dass sich Ihr Reiseziel jetzt »unter« Ihnen befindet – fürs Abbremsen muss der Raketenantrieb sich eben Richtung Reiseziel befinden. Nach zehn Jahren sind Sie im Zentrum unserer Galaxie angekommen, mit Geschwindigkeit null, und können dort das große Schwarze Loch (mehr dazu später) beobachten.

Doch wie kann das sein? Wir hatten vorhin erwähnt, das Zentrum unserer Galaxie befinde sich 26 000 Lichtjahre entfernt. Wie kann man es dann in zwanzig Jahren erreichen? Das hat damit zu tun, dass Sie für den größten Teil dieser Reise sehr nahe an der Lichtgeschwindigkeit sind, und dadurch schrumpft die Distanz zum galaktischen Zentrum (aus Ihrer Sicht) immens, während Ihre Zeit deutlich langsamer abläuft. Von der Erde aus betrachtet hat diese Reise nämlich etwas mehr als 26 000 Jahre gedauert – aus Ihrer Perspektive als galaktischer Reisender jedoch nur zwanzig Jahre. Um es ganz klarzumachen: Für Sie betrug die Distanz bis zum Zentrum der Galaxie nur knapp zwanzig Lichtjahre.

Sie können auf die gleiche Weise wieder zur Erde zurückkehren. Wenn Sie ankommen, sind Sie vierzig Jahre älter geworden – für einige unter uns also eine durchaus machbare Reise. Doch auf der Erde sind in der Zwischenzeit 52 000 Jahre vergangen! Da dürfen Sie zu Recht gespannt sein, wer Sie empfangen wird … Der einzige Haken an der Sache: Sie brauchen eine ungeheure Energiemenge, um Ihr Raumschiff so lange so stark zu be- und zu entschleunigen. Aber auch dafür wird sich sicher eine Lösung finden.

Glück à la Einstein

So erstaunlich diese Konsequenzen der sogenannten »Speziellen Relativitätstheorie« schon waren, Einstein hat es nicht dabei belassen. Er hatte eine weitere Einsicht, die zehn Jahre später, also um 1915, zur »Allgemeinen Relativitätstheorie« führte. Ein Gedankenexperiment (wofür Sie kein Labor brauchen, Sie können es einfach in Ihrem Kopf durchführen) hilft dabei, die Grundidee zu veranschaulichen. Stellen Sie sich einen Aufzug vor, der sich irgendwo im Weltall befindet – Sie wissen nicht, wo. Sie befinden sich in diesem Aufzug, und der ist hermetisch verschlossen (ich hoffe, Sie sind nicht klaustrophobisch). An einer Seite des Aufzugs ist außen ein Seil befestigt. Die gegenüberliegende Seite werden wir als den Boden bezeichnen. Nun spüren Sie, wie Sie in Richtung Boden gedrückt werden. Sie können sich auf den Boden setzen oder sogar stellen, ganz wie es für Sie am bequemsten ist. Die Frage lautet jetzt: Können Sie erraten, ob der Aufzug stetig am Seil nach »oben« gezogen wird oder ob der Aufzug auf einem Planeten steht, der Sie anzieht? Spüren Sie eine Beschleunigung nach oben oder die Schwerkraft nach unten? Ich denke, Sie können es nicht erraten! Wie Einstein damals feststellte:

Beschleunigung und Gravitation
sind austauschbar.

Sie können auch selbst ganz einfach ein Experiment zur Relativitätstheorie durchführen: Gehen Sie in ein Schwimmbad, stellen Sie sich auf das Drei-Meter-Sprungbrett (oder, besser noch, das Fünfmeterbrett) und machen Sie einen Schritt nach vorn. Dann ist gleich die Schwerkraft weg, und Sie beschleunigen auf das Wasserbecken zu. Sie haben, zumindest gefühlt, die Schwerkraft durch Beschleunigung ersetzt. Oder besser gesagt: Sie erleben ganz direkt, wie man Schwerkraft ebenso gut als Beschleunigung beschreiben kann. Im Jahr 1920 bezeichnete Einstein diese Erkenntnis im Nachhinein als den »glücklichsten Gedanken meines Lebens« (zitiert in Pais (2000)). Hier noch ein weiteres Beispiel: Wenn ein startendes Flugzeug stark beschleunigt, wird man nach hinten in den Sitz gedrückt – das ist aber genau dasselbe Gefühl, als ob man im stehenden Flugzeug auf dem weit nach hinten gekippten Sitz liegen würde. Leider ist das Sitzkippen im Flugzeug aber meist nur als Gedankenexperiment möglich.

Doch warum war Einstein über diesen Gedanken so erfreut? Nochmals: Die Gravitationskraft kann man durch eine entsprechende Beschleunigung ersetzen und umgekehrt. Das heißt: Bewegung und Gravitation sind eng miteinander verbunden. Wir haben bereits gesehen, wie Raum und Zeit sich bei Bewegung ändern. Und Beschleunigung ist Bewegung. Jetzt kommen wir der Sache näher. Wenn Beschleunigung auch als Schwerkraft beschrieben werden kann, dann muss es also so sein, dass Raum und Zeit sich durch die Schwerkraft/Gravitation ändern.

Das klingt schon sehr tiefgründig, aber was meint man damit, dass Raum und Zeit sich ändern können? Heißt es, dass die Zeit langsamer abläuft, wenn sich eine große Masse in der Gegend befindet? Und heißt es, dass der Raum unter dem Einfluss von Materie größer oder kleiner werden kann? Ja, genau das heißt es! So erstaunlich es auch klingen mag, genau diese Effekte werden durch Einsteins glücklichsten Gedanken zu einer zentralen Vorhersage der Physik.

Es gibt eine recht anschauliche Art, diese Änderungen von Raum und Zeit zu beschreiben. Sie basiert darauf, den Raum (und auch die Zeit) als eine Substanz zu sehen. Der Raum bleibt also kein leeres Konstrukt, sondern wird zu einer tatsächlichen Substanz, die sich auch verformen kann. Stellen Sie sich eine Art Wackelpudding vor, aber einen, der nicht nur wackelt, sondern sich auch ausdehnen und zusammenziehen kann. Alle Materie bewegt sich also in dieser Substanz, und die Bewegung der Materie wird von der Verformung des Raums bestimmt. Wenn Sie sich durch den Wackelpudding bewegen und dieser wackelt, dann wackeln Sie automatisch mit. Umgekehrt bestimmt die Materie selbst durch ihre Bewegung und ihre Masse, wie der Raum und die Zeit sich verformen. Anstelle von Verformung sagt man übrigens oft auch Krümmung. Damit kommen wir zu Einsteins revolutionärer Einsicht:

Gravitation ist die Krümmung
von Raum und Zeit.

Ein Beispiel: In der »alten« Beschreibung sagt man, dass der Mond sich um die Erde dreht, weil er von der Erde angezogen wird (selbstverständlich zieht der Mond die Erde auch an, aber in geringerem Maße). In der »neuen« Beschreibung würden wir sagen, dass die Erde durch ihre Masse den Raum um sich herum krümmt. Der Raum ist so gekrümmt, dass der Mond nicht geradlinig, sondern um die Erde herum fliegt.

Auf diese Art kann man jetzt alle Effekte der Gravitation beschreiben. Dabei lohnt es sich hervorzuheben, dass es hier nicht nur um eine neue Beschreibung bekannter Phänomene geht. Vielmehr hat Einsteins Einsicht zu spektakulären neuen Entdeckungen geführt. In der Kosmologie hat diese Einsicht ein völlig neues Weltbild hervorgebracht, das wir uns gleich ansehen werden. Zuerst aber möchte ich noch kurz über Schwarze Löcher reden, die Signatureffekte der Relativitätstheorie.

Wenn ein großer Stern am Ende seines Lebens implodiert und explodiert (warum beides passiert, diskutieren wir bald), entsteht im Zentrum des Sterns eine ungeheure Dichte. Die Materie wird stark komprimiert, und daher wird der Raum dort auch stark gekrümmt. Wenn der Stern sehr massereich war, kann es passieren, dass die Krümmung so groß wird, dass gar nichts mehr dieser Gegend entkommen kann.

Eine kurze Zwischenerklärung: Ein Flugkörper braucht eine gewisse Geschwindigkeit, um der Erde zu entkommen – das nennt man die Fluchtgeschwindigkeit. Auf der Erdoberfläche beträgt diese etwa elf Kilometer pro Sekunde. Wenn ein Objekt mit einer höheren Geschwindigkeit ins All geschossen wird, wird es der Erde entkommen und kann weiter durchs All fliegen. Bei geringerer Geschwindigkeit wird das Objekt wieder zurück auf die Erde fallen.

Aber zurück zum implodierenden Stern. Die Dichte nimmt also fortwährend zu, und daher wird die Fluchtgeschwindigkeit auch immer höher. Es können nur noch sehr schnelle Materieteilchen entkommen, alle andere Materie fällt zurück in die dichte, implodierende Sternenmasse. Da die Fluchtgeschwindigkeit weiter steigt, können irgendwann auch nur sehr leichte Teilchen entkommen, denn die haben es leichter, schnell zu fliegen. Von außen gesehen sieht es daher auch eher nach einer Explosion aus, da leichte Teilchen sowie Lichtstrahlen dem sterbenden Stern entweichen. Nur das Innerste des Sterns kollabiert.

Ist der Stern genügend massereich, wird die Dichte im Zentrum des Sterns so hoch, dass die Fluchtgeschwindigkeit die Lichtgeschwindigkeit überschreitet. Dann ist der Raum dort so stark gekrümmt, dass nicht einmal das Licht dieser Gegend entweichen kann. Das Licht fliegt sozusagen immer nur nach innen, egal in welche Richtung es zu entkommen versucht. Die Krümmung des Raums wird so stark, dass alle Richtungen nur noch nach innen führen. Diesen Ort, dem ab sofort nichts mehr entweichen kann, nennt man ein Schwarzes Loch.

Das Loch entsteht in der Mitte des sterbenden Sterns und ist viel kleiner als der ursprüngliche Stern (ein typischer Durchmesser beträgt so etwa zehn Kilometer). Denn die Dichte, die erreicht werden muss, um ein Schwarzes Loch zu bilden, ist schon gewaltig: Wollte man aus der Erde ein Schwarzes Loch bilden, so müsste man die gesamte Masse der Erde auf die Größe einer Murmel komprimieren. Daher bilden sich Schwarze Löcher auch nur bei gewaltigen Sternenexplosionen (und vielleicht in den Anfangsstadien des Universums, aber das weiß man noch nicht sicher). Schwarze Löcher sind demnach eine zentrale Vorhersage der Relativitätstheorie, jedoch ist es äußerst schwierig, ein Schwarzes Loch zu sehen, eben weil alles in das Loch eingesaugt wird. Wie können wir etwas sehen, was sogar das Licht verschlingt?

Streng genommen können wir das Schwarze Loch selbst nicht sehen, aus eben genannter Ursache. Aber das Schwarze Loch zieht alle umherfliegende Materie stark an – besser gesagt, nahe fliegende Materie wird durch die Raumkrümmung, die das Schwarze Loch verursacht, rapide zum Loch hingeleitet. Die beschleunigte Bewegung der Materie zum Loch hin hat zur Folge, dass diese Materie sehr heiß wird und anfängt, stark zu leuchten. Solange die Materie sich noch außerhalb des Schwarzen Lochs befindet, leuchtet sie besonders stark. Dabei bildet sie oft einen leuchtenden Ring um das Schwarze Loch herum. Und solch einen Ring kann man tatsächlich beobachten – sehen Sie sich das Bild des Schwarzen Lochs in der Galaxie M87 (Abbildung 7 im Bildtafelteil) an. Hierbei handelt es sich um ein riesiges Schwarzes Loch, das sich in einer uns mehr oder weniger benachbarten Galaxie befindet. Übrigens werden Schwarze Löcher größer, wenn sie Materie verschlingen. Dieses Schwarze Loch hat die enorme Masse von ein paar Milliarden Sonnen, und es bleibt bislang ein kleines Rätsel, wie ein so großes Schwarzes Loch sich bilden konnte.

Es gibt noch eine zweite Art, wie Schwarze Löcher nachgewiesen werden konnten, und diese zweite Art ist ein Musterbeispiel für die Folgen der Relativitätstheorie. Ein einzelnes Schwarzes Loch, welches nicht direkt von anderer Materie umgeben ist, ist eigentlich fast nicht zu beobachten. Es ist halt schwarz und fällt im All nicht weiter auf. Wenn aber zwei Schwarze Löcher sich einander nähern, kommt es vor, dass sie sich so stark anziehen (sprich: dass der Raum sich so stark krümmt), dass sie kollidieren. Wenn das passiert, verschmelzen die beiden Löcher zu einem einzigen, größeren Schwarzen Loch zusammen. Doch das ist nicht das einzige Geschehnis: Bei der Kollision wird der Raum so stark gekrümmt, dass sich Raumwellen ausbreiten. Dabei schwingt der Raum selbst, und diese Schwingungen breiten sich aus, ein bisschen so wie die Wellen, die ein aufprallender Stein in einem See verursacht. Sie können sich auch wieder den Wackelpudding vorstellen: An einem Ort wird der Pudding plötzlich stark verformt, und dann breiten sich von dort aus Wellen durch den Pudding aus.

Diese Wellen werden Gravitationswellen genannt. Sie breiten sich übrigens mit Lichtgeschwindigkeit aus. Doch was passiert, wenn eine solche Welle vorbeischwingt? Es ist eine Welle des Raums selbst – das heißt, der Raum oszilliert, er wird abwechselnd kleiner und größer und wieder kleiner und größer und so weiter. Dabei wird alle Materie, die sich im Raum befindet, auch abwechselnd kleiner und größer, bis die Welle vorbeigezogen ist. Wenn eine solche Welle an uns vorbeizieht, oder sagen wir besser: durch uns hindurchfliegt, dann werden wir auch für kurze Zeit kleiner und größer, denn wir befinden uns ja in diesem oszillierenden Raum.

Ist man weit von den kollidierenden Schwarzen Löchern entfernt, ist der Effekt sehr gering. Bei Schwarzen Löchern, die viele Hundert Millionen Lichtjahre von uns entfernt kollidiert sind, vergrößern und verkleinern wir uns um weniger als die Größe eines Atomkerns, das ist also wirklich eine sehr minimale Veränderung. Jetzt kommt die Quizfrage: Wie kann man solche Wellen feststellen? Wie kann man messen, ob der Raum sich vergrößert hat oder nicht, wenn der Meter, mit dem man misst, sich mit dem Raum vergrößert oder verkleinert? Das ist schon eine knifflige Frage …

Gravitationswellen werden tatsächlich seit 2015 gemessen, anhand des LIGO-Experiments. Und des Rätsels Lösung liegt wieder in der Lichtgeschwindigkeit! Das funktioniert so: Man hat mehrere Laserstrahler an verschiedenen Orten auf der Erde, und deren Laserlicht fliegt jeweils zwischen zwei Spiegeln hin und her (die Spiegel befinden sich in leeren Tunneln, die vier Kilometer lang sind). Laserlicht ist Licht und fliegt mit Lichtgeschwindigkeit. Und die ist ja – das ist unser Mantra – immer gleich schnell, egal was der Raum so macht. Man misst dann ganz präzise, wie lange das Laserlicht braucht, um zwischen den Spiegeln hin- und herzufliegen. Kennt man die Zeit, so weiß man auch, wie weit die Spiegel voneinander entfernt sind (ohne dass man ein Metermaß gebrauchen müsste). Und da die Laser in verschiedene Richtungen angeordnet sind, kann man also die Distanzen in verschiedene Richtungen messen. Kommt jetzt eine Gravitationswelle vorbei, so verändern sich diese Distanzen – ganz minimal, aber erstaunlicherweise sind die Detektoren präzise genug, um auch Verschiebungen von weniger als der Größe eines Atomkerns zu entdecken.

Auf diese Art wurden mittlerweile Dutzende Kollisionen von Schwarzen Löchern gemessen, und es werden laufend mehr. Die Krümmung von Raum und Zeit ist somit nicht nur eine theoretische Idee, sondern eine nachgewiesene Eigenschaft der Natur. Es gibt übrigens derzeit auch Pläne, ein solches Experiment im All durchzuführen – dann könnte man die Spiegel an mehreren Satelliten befestigen, und diese könnten dann Millionen Kilometer voneinander entfernt durchs All schweben, mit Laserlicht, das zwischen ihnen hin- und herfliegt. So könnte man viel größere Gravitationswellen auffangen. Das Projekt heißt LISA, hoffentlich wird es realisiert.

Erste Begegnung mit dem Urknall

Raum und Zeit sind also veränderlich. Man sollte sich Raum und Zeit nicht als Bühne vorstellen, auf der alles passiert. Vielmehr entwickeln sich Raum und Zeit selbst weiter. Die Relativitätstheorie zeigt, dass diese Entwicklung Hand in Hand mit der Existenz, Beschaffenheit und Bewegung der Materie geht. Wenn wir also fragen »Was ist im Universum passiert?«, dann meinen wir damit nicht nur »Was hat die Materie gemacht?«, sondern immer auch »Wie haben sich Raum und Zeit entwickelt?«.

Raum und Zeit haben eine Geschichte.

Diese Aussage steht in großem Kontrast zu dem, was bis vor hundert Jahren gängig geglaubt wurde, nämlich dass das Universum im Großen und Ganzen unveränderlich, ewig und unendlich sei. Meist stammten solche Annahmen aus religiösen und philosophischen Sichten. Einstein selbst zögerte zunächst bei diesem Thema und versuchte sogar (vergeblich), seine Theorie so zu ändern, dass sie ein statisches, unveränderliches Universum zulassen würde. Es waren andere Physiker, wie zum Beispiel der Belgier Georges Lemaître (der, wie bereits gesagt, auch Pfarrer war) und der Russe Alexander Friedmann, die in den 1920er-Jahren anfingen, die Konsequenzen der Relativitätstheorie für die Entwicklung des Universums zu erforschen.

Deshalb können wir ganz konkret fragen: Woher wissen wir, dass sich das Universum verändert und wie es sich verändert? Mit Ausnahme der eben beschriebenen Gravitationswellen kommt alle Information aus dem Universum in Form von Lichtstrahlen zu uns. (Und sogar die Gravitationswellen werden anhand von Laserlicht nachgewiesen.) Man kann sich die Lichtstrahlen als Wellen vorstellen. Verschiedene Farben entsprechen verschiedenen Wellenlängen. Unsere Augen können Wellenlängen zwischen etwa 400 nm (Violett-Blau) und 750 nm (Rot) erkennen. »nm« steht hier für Nanometer, das sind millionstel Millimeter. Die Wellenlängen, die wir sehen können, sind also ein bisschen kleiner als ein tausendstel Millimeter. Längere Wellen werden als Infrarot bezeichnet (noch längere als Radiowellen), kürzere als Ultraviolett (und noch kürzere als Röntgenstrahlen). Das sind alles Bezeichnungen für Licht, der einzige Unterschied ist die Farbe bzw. Wellenlänge.

Stellen wir uns nun eine solche Lichtwelle im Raum vor. Wenn der Raum größer wird, so wird die Welle automatisch gedehnt – die Wellenlänge vergrößert sich dementsprechend. Nehmen wir zum Beispiel blaues Licht mit 500 nm Wellenlänge. Wenn der Raum sich um fünfzig Prozent vergrößert, so hat dieses Licht auf einmal eine Wellenlänge von 750 nm. Das Licht ist nun nicht mehr blau, sondern rot. Diesen Effekt nennt man auch »Rotverschiebung«, wobei nicht gemeint ist, dass das Licht notgedrungen rot wird (wie bei unserem Beispiel), sondern eher, dass sich die Wellenlänge vergrößert und ins Rötliche verschiebt. Bei derselben Prozedur würde rotes Licht zu infrarotem Licht werden, und wir würden es nicht mehr mit unseren Augen erkennen (doch wir könnten es mit Infrarotkameras messen).

Umgekehrt würde ein Zusammenziehen des Raums zu einer »Blauverschiebung« führen. Der wesentliche Punkt ist die Erkenntnis, dass eine Veränderung der Wellenlänge des Lichts auf eine Veränderung des Raums hinweisen kann.

Ich sage ausdrücklich »hinweisen kann«, da es auch andere Ursachen für eine Änderung der Wellenlänge geben kann. Zum Beispiel werden Wellen länger bei Objekten, die sich schnell von uns entfernen, und sie werden kürzer bei Objekten, die sich uns nähern. Jeder kennt wohl diesen Effekt bei Schallwellen: Die Sirene einer sich nähernden Ambulanz klingt schriller und die einer sich entfernenden Ambulanz klingt tiefer.

Im 19. und 20. Jahrhundert wurden Techniken entwickelt, um

die Wellenlänge des Lichts präzise zu messen. Man nennt diese Beschäftigung auch Spektroskopie. Das ist schon ganz praktisch, denn verschiedene chemische Elemente strahlen besonders stark in spezifischen Wellenlängen oder nehmen Licht spezifischer Wellenlängen auf, sodass genau diese Wellenlängen dann im Spektrum fehlen. Auf diese Art kann man mit Spektroskopie herausfinden, aus welchem Material verschiedene Lichtquellen bestehen. Solche Apparate haben Astronomen an ihre Teleskope geschnallt und damit das Licht aller möglichen Objekte am Himmel gemessen. Auf diese Weise konnten Astronomen erstmals beobachten, dass Sterne hauptsächlich aus Wasserstoff und Helium bestehen. Zu dem Zeitpunkt, so um 1868, war Helium noch gar nicht auf der Erde bekannt; daher wurde es auch Helium genannt, nach dem griechischen Namen für die Sonne – *Helios*.

Anfang des 20. Jahrhunderts hat man dann damit begonnen, das Licht anderer Galaxien zu messen. Der Erste, der dies systematisch durchführte, war der Amerikaner Vesto Slipher. Ihm folgte sein Landsmann Edwin Hubble, der deutlich besser in der Selbstvermarktung war, und daher tragen heute Weltraumteleskope auch dessen Namen und nicht den Sliphers.

Diese Messungen zeigten, dass bei Galaxien in unserer Nähe das Licht etwas rot- oder blauverschoben ist (sprich, die charakteristischen Linien von Wasserstoff, Helium und anderen Elementen sind verschoben). So zeigt etwa die Hälfte der Objekte eine Rotverschiebung und die andere Hälfte eine Blauverschiebung. Das ergibt Sinn: Wenn die Galaxien sich bewegen, erwartet man eine kleine Verschiebung der Linien. Und wenn sie sich mehr oder weniger zufällig bewegen, erwartet man auch eine in etwa gleichmäßige Aufteilung zwischen Rot- und Blauverschiebung.

Die Überraschung kommt bei weiter entfernten Galaxien: Wie Slipher es schon sah und Hubble mit größerer Präzision bestätigte, gibt es bei weiter entfernten Galaxien eine immer größere Tendenz zur Rotverschiebung – deutlich mehr als die Hälfte der weiter entfernten Galaxien zeigen eine Rotverschiebung auf und immer weniger eine Blauverschiebung. Zusätzlich haben die Astronomen festgestellt, dass diese Rotverschiebung umso stärker wird, je weiter entfernt sich die Galaxien von uns befinden.

Diese Beobachtung kann man nicht mehr so einfach der Bewegung dieser Galaxien zuordnen. Dann müssten sich all diese Galaxien von uns wegbewegen, und sogar umso schneller, je weiter sie entfernt sind. Wir müssten also irgendwie abstoßend auf diese Galaxien wirken, und dazu noch auf eine sehr merkwürdige Art: Galaxien, die immer weiter von uns entfernt sind, müssten also zunehmend stärker diese abstoßende Kraft spüren. Was können wir diesen Galaxien nur angetan haben?

Eine sehr viel bessere Erklärung bietet die Relativitätstheorie: Der Raum zwischen uns und diesen Galaxien dehnt sich aus. Wohl haben die Galaxien eine kleine eigene Bewegung innerhalb dieses sich ausdehnenden Raums (und diese eigene Bewegung dominiert bei nahe gelegenen Galaxien), aber bei weit entfernten Galaxien gibt es viel Raum zwischen diesen Galaxien und uns, sodass das Licht zunehmend ins Rote verschoben wird. Das Licht, das uns von diesen weit entfernten Galaxien erreicht, wurde auf der ganzen Strecke zu uns fortwährend gedehnt. Daher ist das Licht bei weiter entfernten Galaxien dann auch stärker rotverschoben.

Diese Erklärung bedeutet auch, dass wir nicht der Mittelpunkt dieser Ausdehnung sind. In jeder anderen Galaxie würden Astronomen zum selben Schluss kommen. Für jeden extragalaktischen Astronomen sind die weiter entfernten Galaxien auch die, bei denen das Licht stärker rotverschoben ist. Es muss demnach kein Zentrum des Universums geben (und es gibt auch keine Hinweise dafür, dass es ein Zentrum gäbe).

In der Wissenschaft sollten wir uns aber immer fragen: Ist dies die einzig mögliche Erklärung? Könnte es eine andere, vielleicht einfachere Erklärung geben, als gleich den ganzen Raum des Universums zu ändern? Könnte es vielleicht sein, dass das Licht bei diesen großen Distanzen »müde« wird und daher rötlicher erscheint? Man hat diese These, so wie viele andere, untersucht und keine bessere Erklärung als die der Ausdehnung gefunden. Die deutlichsten Argumente für die Ausdehnung des Raums sind jedoch die Vorhersagen, die auf diese Theorie folgten und die auch bestätigt wurden. Die zwei wichtigsten Vorhersagen sind die des Materieinhalts des frühen Universums sowie die der kosmischen Hintergrundstrahlung. Wir werden sehr bald auf beides ausführlich zurückkommen. Wie wir sehen werden, nehmen diese beide Vorhersagen und ihre Beobachtung allen alternativen Erklärungsversuchen den Wind aus den Segeln.

Meiner Meinung nach kann man die Ausdehnung des Universums als bedeutendste kosmologische Entdeckung des 20. Jahrhunderts bezeichnen, ja als einen der bedeutendsten Fortschritte des 20. Jahrhunderts überhaupt. Die Ausdehnung ändert unser Weltbild auf fundamentale Weise: Nicht nur das Leben auf der Erde, sondern das Universum selbst entwickelt sich. Es schafft seinen eigenen Raum. Eine spektakulärere Bestätigung der Relativitätstheorie hätte es nicht geben können.

Um (häufige) Missverständnisse zu vermeiden, sollten wir noch ein paar Aspekte ausführlicher klären. Das Universum dehnt sich zwar generell aus, aber nicht überall gleich schnell. In der Nähe von massereichen Objekten (wie Galaxien) dehnt sich das Universum sogar gar nicht aus, man könnte sagen, die große Masse hält den Raum fest. Die Milchstraße wird demnach nicht von Tag zu Tag größer, und auch auf der Erde dehnt sich der Raum nicht aus. Der Weg zur Arbeit ist also morgen genauso lang wie heute, und Sie können die Ausdehnung des Weltalls nicht gut als Entschuldigung für eine Verspätung gebrauchen. Nichtsdestotrotz ist der Raum auf der Erde und auch überall in unserer Galaxis gekrümmt – nur ändert diese Krümmung sich wenig mit der Zeit, und die Gesamtgröße des Sonnensystems sowie die der Milchstraße insgesamt bleiben erhalten. Sie können sich das Weltall also vielleicht als selbstreproduzierenden Schweizer Käse vorstellen, wobei der Käse (der Raum zwischen den Galaxien) sich ausdehnt, doch die Löcher (die Galaxien selbst) gleich groß bleiben.

Wie schnell dehnt sich der Raum eigentlich aus? Zurzeit beträgt der Wert, welcher auch Hubble-Rate genannt wird (wieder hat Hubble den Namen ergattert), etwa zwanzig Kilometer pro Sekunde pro Millionen Lichtjahre Entfernung. Das heißt, dass zwei Galaxien, die fünfzig Millionen Lichtjahre voneinander entfernt sind, sich mit etwa fünfzig mal zwanzig, also tausend Kilometern pro Sekunde voneinander entfernen. Und dies nicht durch ihre Bewegung, sondern nur, weil sich so viel Raum zwischen beiden befindet, und dieser Raum wird in jeder Sekunde um tausend Kilometer größer. Ist die Distanz noch größer, entfernen sich die Galaxien noch schneller voneinander. Bei sehr großen Distanzen kann man aber nicht einfach die Hubble-Rate mit der Distanz multiplizieren, da muss man eine kompliziertere Rechnung durchführen, weil die Hubble-Rate sich in der Zeit verändert, und wir sehen ja in die Vergangenheit.

Wie gesagt: Die Ausdehnung, und daher auch die Hubble-Rate, bleibt nicht konstant in der Zeit. Vielmehr hängt sie vom Materieinhalt des Universums ab, und dieser ändert sich mit der Zeit, weil nicht alle Materiesorten sich gleich verhalten, wenn sie durch die Ausdehnung verdünnt werden. Im nächsten Kapitel kommen wir darauf zurück. Ich wollte es nur der Klarheit halber schon erwähnen. Übrigens kann man den Spieß dann auch umdrehen und Messungen der Ausdehnung nutzen, um besser herauszufinden, woraus das Universum besteht. Darauf kommen wir auch zurück.

Die Ausdehnung des Universums zeigt, dass das Universum seinen eigenen Raum schafft. Manchmal werde ich gefragt: Was befindet sich denn hinter dem Universum? Nun, es gibt kein »hinter« dem Universum. Das Universum macht seinen Raum, und wo Raum ist, ist auch Universum. Und wo kein Raum ist, gibt es auch kein »dahinter« und kein Universum. Das ist etwa so, als würde ich mich nach dem Haarschnitt eines Mannes mit Glatze erkundigen.

Und was ist mit der Zeit? Dehnt die sich auch aus? Interessanterweise nein. Das Universum macht in seiner Ausdehnung einen klaren Unterschied zwischen Raum und Zeit. Es gibt eine Art Bezugssystem, oder besser noch Ruhesystem, in dem der Raum sich ausdehnt, man aber keine »eigene« Geschwindigkeit besitzt. Befindet man sich in diesem Ruhesystem, dehnt sich die Zeit nicht aus. Bewegt man sich jedoch mit großer Geschwindigkeit verglichen mit diesem Ruhesystem, dann ändert sich die Zeit schon, so wie wir es auch bei der Speziellen Relativitätstheorie beschrieben hatten. Warum es dieses Ruhesystem gibt, in dem die Ausdehnung gleichmäßig abläuft und die Zeit sich nicht dehnt, bleibt noch größtenteils ungeklärt. Im nächsten Kapitel werden wir eine mögliche Erklärung, nämlich die der kosmischen Inflation, diskutieren.

Und dann gibt es noch einen wichtigen Aspekt der Ausdehnung. Eben haben wir ja die Hubble-Rate erwähnt und dass sich Galaxien bei zunehmender Entfernung immer schneller voneinander entfernen. Was aber passiert, wenn die Entfernung so groß wird, dass sich die Galaxien mit Überlichtgeschwindigkeit voneinander entfernen? Geht das? Tatsächlich geht das! Aber widerspricht das nicht allem, was wir am Anfang über die Relativitätstheorie besprochen haben? Hier kommt es nun darauf an, zwischen Bewegung und Ausdehnung zu unterscheiden. In der Tat kann sich nichts schneller als das Licht bewegen – gemessen an einem Ort. Wenn ich also hier stehe und den Blitzer der Polizei ausgeliehen habe, so werde ich niemals eine Geschwindigkeit messen, die schneller als die Lichtgeschwindigkeit ist. Aber zwischen zwei Galaxien kann sich tatsächlich so viel sich ausdehnender Raum befinden, dass diese beiden sich mit Überlichtgeschwindigkeit voneinander entfernen. Und dies sogar, wenn sie sich lokal gesehen überhaupt nicht bewegen, sondern sich im oben beschriebenen Ruhesystem befinden.

Dies bringt dann aber mit sich, dass diese beiden Galaxien gar nicht mehr miteinander kommunizieren können, ja, sie können sich nicht einmal sehen, denn das Licht kommt der Ausdehnung nicht mehr hinterher. Die Grenze, über die hinweg man nichts mehr sehen kann, nennt man »Horizont«. Wir haben tatsächlich einen solchen Horizont - es gibt Gegenden im Universum, die so weit von uns entfernt sind, dass wir sie nie sehen werden. Umgekehrt werden Kreaturen in diesen Galaxien auch nie etwas von uns erfahren.

Dieser Horizont ist kein materielles Objekt. Streng genommen hat sogar jeder seinen eigenen Horizont, es ist einfach eine Bezeichnung für die am weitesten entfernten Orte, die man prinzipiell beobachten könnte. Übrigens spricht man bei Schwarzen Löchern auch von Horizonten, denn bei denen gibt es ja auch eine Grenze, über die hinweg man nichts mehr sehen kann, da nicht einmal das Licht aus dieser Gegend entkommen kann. Der Unterschied ist, dass wir uns außerhalb der Horizonte von Schwarzen Löchern befinden, jedoch von unserem kosmologischen Horizont umgeben sind. Zusätzlich stellt sich heraus, dass wir nicht ganz bis zu unserem Horizont sehen können, aber dies ist wiederum ein Thema fürs nächste Kapitel.

Leben wir in einem Schwarzen Loch?

Manchmal höre ich folgendes Argument: Wenn viel Masse zusammenkommt, kann sich ein Schwarzes Loch bilden. Im Universum gibt es unglaublich viel Masse. Ist dann nicht das ganze Universum ein Schwarzes Loch? Leben wir nicht eigentlich in einem Schwarzen Loch?

Und tatsächlich ist das Innere eines Schwarzen Lochs nicht statisch. Der Raum gleich außerhalb eines Schwarzen Lochs ist zwar gekrümmt, aber er verändert sich nicht, wird zum Beispiel nicht größer oder kleiner. Doch wenn man in ein

Schwarzes Loch hineingeraten würde, so würde sich der Raum zusammenziehen. Das zeigen Einsteins Gleichungen. Dazu kommt, dass der Raum sich auf etwas chaotische Art zusammenzieht, mal schneller in eine Richtung, dann wieder schneller in eine andere Richtung. Das ist ein völlig anderes Verhalten als das der beobachteten gleichmäßigen *Ausdehnung* unseres Universums.

Fazit: Nein, wir leben nicht in einem Schwarzen Loch.

Nach diesen Ausführungen sind wir bereit für die wahrscheinlich überraschendste Konsequenz der Ausdehnung des Universums. Stellen wir uns das Universum nochmals vor, all diese Galaxien mit den großen Leerräumen dazwischen. Die Leerräume werden immer größer und die Galaxien immer älter. Jetzt gehen wir in der Zeit zurück: Dann werden die Distanzen zwischen den Galaxien immer kleiner, die Galaxien werden jünger, und das ganze Universum wird kleiner und dichter. Gehen wir weit genug zurück, so gelangen wir an einen Punkt, an dem das Universum unendlich dicht gewesen sein muss und aus dem (vermutlich) alles hervorging: der *Urknall.*

Die mutmaßliche Unendlichkeit der Dichte sollte uns stutzig machen. Man kann nichts Unendliches messen, daher sollte man nach einer besseren Erklärung suchen. Trotzdem können wir fürs Erste festhalten, dass das Universum in der Vergangenheit sehr viel kleiner und dichter als heutzutage gewesen sein muss. Doch wenn wir weit genug in der Zeit zurückgehen, funktioniert die Theorie nicht mehr. Unsere Beschreibung von Raum und Zeit bricht zusammen – die Relativitätstheorie allein reicht nicht mehr aus. Es muss etwas Neues her, um den Urknall zu beschreiben. Diese Überlegung bedeutet dann auch, dass unser Universum in dem Ausmaß, in dem wir es mit familiären Konzepten beschreiben können, zu einem gewissen Zeitpunkt aus einem »Urzustand« heraus entstanden sein muss. Wir werden mehr über diesen Urzustand sagen können, wenn wir die Quantentheorie miteinbeziehen, aber weil Materie, Raum und Zeit immer miteinander verbunden sind, können wir jetzt schon schlussfolgern:

Raum, Zeit und Materie
hatten einen Anfang.

Das ist erstaunlich! Jetzt sind wir sehr weit weg von der ursprünglichen Auffassung, dass Raum und Zeit ewig und unveränderlich sind. Raum und Zeit haben sich also nicht nur verändert, sie hatten nicht nur eine Geschichte, es gab wohl auch einen Zustand des Nicht-Raums und der Nicht-Zeit, aus dem unser Universum erschienen ist (darauf werden wir noch mehrmals zurückkommen). Nennen wir diesen Anfang von Raum und Zeit, diesen Anfang unseres Universums, einfach den Urknall, egal ob es jetzt geknallt hat oder nicht. Das macht es sprachlich einfacher. Wir lernen also, dass es unser Universum nicht immer gab. Wie wir sehen werden, kann man aus den heutigen Beobachtungen schließen, dass dieser Anfang vor etwa 13,8 Milliarden Jahren stattgefunden haben muss. Und da das Universum nicht ewig alt ist, dürfen wir vielleicht auch vermuten, dass es vielleicht einmal ein Ende geben wird. Doch darum müssen wir uns erst mal nicht zu viel sorgen.

Aber waren wir vielleicht zu schnell (höre ich manche denken)? Sind unsere Schlussfolgerungen zu grandios? Könnte es nicht so sein, dass das frühe Universum nicht aus einem Urknall stammt, sondern sich früher zusammengezogen und danach wieder ausgedehnt hat, immer hin und her, vielleicht in Zyklen? Oder dass das Universum für lange Zeit statisch war und dann langsam anfing, sich auszudehnen? Zu diesen Fragen gibt es tatsächlich Theoreme (größtenteils ausgearbeitet von Roger Penrose und Stephen Hawking). Sie zeigen, dass es den Urknall gegeben haben muss – wenn die Relativitätstheorie stimmt und es nur »normale« Materie im Universum gibt. Diesen Satz müssen wir ein bisschen unter die Lupe nehmen.

Da gibt es zwei Annahmen: erstens, dass die Relativitätstheorie stimmt. Hier gilt es zu bedenken, dass die Relativitätstheorie bislang durch alle Experimente und Beobachtungen bestätigt wurde. Sie erklärt die Planetenumlaufbahnen mit großer Präzision, sie erklärt Schwarze Löcher und die Gravitationswellen, die bei deren Kollisionen entstehen. Sie erklärt auch die Dehnung oder Kompression von Raum und Zeit, die Rotverschiebung des Lichts ferner Galaxien und weitere Phänomene, die wir noch beschreiben werden. Es gibt keine Beobachtung, die die Theorie widerlegt.

Die zweite Annahme ist, dass es nur normale Materie gibt. Damit ist Materie gemeint, die stabil ist. Vielleicht kann man besser verstehen, was das heißt, wenn wir ein Gegenbeispiel betrachten. Alle Materie, die uns bekannt ist, hat die Eigenschaft, dass ihre Energiedichte abnimmt, wenn wir die Materie verdünnen. Auch wenn der Raum sich ausdehnt, wird diese Art von Materie verdünnt, und die Energiedichte nimmt ab. Stellen wir uns aber vor, es gäbe Materie, bei der das nicht so wäre. Würde man diese Materie verdünnen, so würde die Energiedichte zunehmen. Je mehr wir verdünnen, umso mehr Energie bekommen wir. So eine Art Materie wäre völlig instabil: Sie würde sich immer weiter ausdehnen, dabei mehr Energie schaffen, und das Ganze liefe explosionsartig ab. Es gäbe dann auch kein Stoppen, denn die Energiereserven wären ja nie aufgebraucht. Schlimmer als ein Perpetuum mobile! Die zweite Annahme ist also, dass die Materie sich eben nicht so verhält und stabil ist. Und unter diesen beiden Annahmen kann man somit mathematisch zeigen, dass ein Urknall unausweichlich ist. Freilich kann es durchaus sein, dass die Relativitätstheorie bei sehr hohen Krümmungen geändert werden muss. Oder dass die Materie im frühen Universum sich anders verhalten hat als heutzutage. Wir werden diese Möglichkeiten im Hinterkopf behalten. Davon abgesehen liefert uns die Relativitätstheorie unser bislang tiefstes Verständnis von Raum und Zeit. Wenn sich diese Beschreibung ändert, werden auch Raum und Zeit sich in etwas anderes umwandeln müssen. Die Vorsichtigen unter Ihnen können also gern den oben hervorgehobenen Satz relativieren: Raum, Zeit und Materie, *so wie wir sie kennen,* hatten einen Anfang.

Der Urknall ist nicht nur philosophisch gesehen eine spannende Sache (einige Religionen haben diese Theorie auch erstaunlich schnell toleriert, weil sie als Schöpfung gedeutet werden kann. Dabei sollte man jedoch bedenken, dass in dem Maße, in dem die Wissenschaft den Ursprung des Universums zu erklären vermag, die Rolle eines Schöpfers entsprechend schrumpft). Die These von einer frühen Phase, in der das Universum heiß und dicht war, liefert auch zwei bemerkenswerte Vorhersagen. Deren Bestätigungen durch Beobachtungen stellen die besten Beweise für die Urknallthese dar. Eine solche Vorhersage, nämlich die kosmische Hintergrundstrahlung, diskutieren wir im nächsten Kapitel. Die andere schauen wir uns jetzt an. Dafür brauchen wir aber – bitte nicht erschrecken – etwas Kernphysik und Chemie.

Chemie als Lego

Alle gängige Materie besteht aus unzähligen winzigen Atomen. Atome haben einen schweren Kern, der aus Protonen und Neutronen besteht, und um diesen Kern herum fliegen leichte Elektronen. Protonen und Neutronen sind fast gleich schwer, beide etwa 2000-mal so schwer wie Elektronen. Die Namen sind erstaunlich logisch verteilt worden: Elektronen sind elektrisch negativ geladen, Protonen sind positiv geladen, und Neutronen sind neutral, haben also keine elektrische Ladung. Da sich positive und negative Ladungen anziehen, haben Atome gleich viele Elektronen wie Protonen.

Von welchem chemischen Element wir reden, hängt ganz einfach von der Zahl der jeweiligen Protonen ab: Wenn ein einzelnes Proton vorhanden ist, dann ist dies ein Wasserstoffatom (und es besitzt dann auch nur ein einziges Elektron). Bei zwei Protonen handelt es sich um Helium. Doch hier entsteht eine Komplikation: Die beiden Protonen im Kern stoßen sich elektrisch ab, da sie beide positiv geladen sind. Normalerweise würde dieser Kern also auseinanderfliegen.
Da kommen die Neutronen zur Rettung: Sie binden die Protonen zusammen, durch sogenannte nukleare Kräfte (das sind Kräfte, die der Elektrizität ähneln, die man aber nur auf der Ebene von Atomkernen bemerkt – im Alltag sehen wir deren Effekte nicht, obwohl sie für die Stabilität aller Materie verantwortlich sind). Daher gibt es auch (außer beim Wasserstoff) immer Neutronen im Atomkern, und zwar mindestens so viele wie Protonen. Ein Heliumatom besteht also aus einem Kern aus zwei Protonen und zwei Neutronen sowie zwei Elektronen im Umlauf.
Jetzt kann man das Ganze wie Legosteine zusammensetzen. Jedes Mal, wenn wir ein Proton dem Kern hinzufügen, erhalten wir ein neues Element. Wir müssen dann auch jedes Mal mindestens ein Neutron beisteuern, um das Proton zu binden, und ein Elektron, um das Atom elektrisch ausbalanciert zu halten. Bei zum Beispiel drei Protonen im Kern bekommen wir Lithium, bei sechs Kohlenstoff; zusätzliche Beispiele sind Stickstoff (sieben Protonen), Sauerstoff (acht) oder Eisen (26).
Das Ganze geht so weiter, bis das Uran erreicht wird, mit 92 Protonen (und satten 146 Neutronen). Schwerere Atome sind nicht stabil, doch man kann einige (meist für sehr kurze Dauer) im Labor herstellen.
Für die Pedanten: Manchmal gibt es Varianten mit mehr oder weniger Neutronen – diese nennt man nicht Atome, sondern Isotope. Und man kann auch Elektronen wegnehmen oder zu-

sätzliche hinzufügen – in dem Fall nennt man sie Ione, und diese sind dann elektrisch geladen.

Skizze 4 Atome mit einem (Wasserstoff, H), zwei (Helium, He) und sechs Protonen (Kohlenstoff, C), plus die dazugehörigen Neutronen im Kern sowie Elektronen in Umlaufbahnen.

Atome können sich aneinanderbinden und auf diese Weise Moleküle bilden. So erhält man alle gängigen Substanzen wie Salz, Wasser, Alkohol, bis hin zu Riesenmolekülen wie unsere DNA oder Proteine.
Das geht so: Da Elektronen sich gegenseitig abstoßen, fliegen sie vorzugsweise in bestimmten Mustern um die Atomkerne herum. Man kann ausrechnen (anhand einer schönen, aber auch etwas langwierigen Rechnung), dass es bestimmte Muster gibt, die besonders stabile Konfigurationen von Elektronen erzeugen. Für die, die es interessiert: Die magischen Zahlen der Elektronen sind 2, 10, 18, 36, 54 und 86. Dabei können Atome sich auch näherkommen und ihre Elektronen miteinander teilen. Hat ein Atom ein Elektron mehr als eine der magischen Zahlen, und ein anderes Atom hat eines weniger als eine der magischen Zahlen, dann können die Atome ihre Elektronen teilen und sich auf diese Weise aneinanderbinden. (So entsteht zum Beispiel Küchensalz aus Natrium mit 10+1 Elektronen und Chlor mit 18-1 Elektronen.) Durch das Teilen der Elektronen erreicht jedes Atom eine stabile Konfiguration. Das funktioniert auch bei mehreren

Atomen – sie müssen lediglich insgesamt eine stabile Konfiguration erreichen. Auf diese Art kann man alle chemischen Bindungen verstehen.

Versetzen wir uns unterdessen gedanklich in die Zeit ganz kurz nach dem Urknall, sagen wir eine Hundertstelsekunde nach dem vermutlichen »Anfang«. Das Universum ist nun voller Materie, die eine ungeheuer hohe Temperatur hat. Die Energie der einzelnen Teilchen ist so hoch, dass sie an nichts gebunden sind – alle Teilchen fliegen wie wild herum. Daher habe ich auch Teilchen und nicht Atome gesagt. Denn zu diesem Zeitpunkt gibt es überhaupt keine Atome, nur frei fliegende Elektronen, Lichtteilchen (Photonen), Protonen und Neutronen sowie noch ein paar andere Teilchen, die für uns keine große Rolle spielen werden.

Jetzt kommen wir zu einer wichtigen Eigenschaft: Wenn genügend Energie vorhanden ist, können Teilchen sich ineinander umwandeln, verschmelzen oder sich teilen. Bei solchen Prozessen müssen die Gesamtladungen (elektrische wie auch nukleare) gleich bleiben. Die Masse jedoch muss nicht erhalten bleiben. Einsteins bekannteste Formel, $E = mc^2$, besagt, dass die Energie E einer Masse m gleichgestellt werden kann (hier ist c wieder die Lichtgeschwindigkeit, und c^2 steht für c mal c). So kann Energie zur Not in Masse umgewandelt werden, oder auch umgekehrt.

Dass solche Umwandlungen überhaupt möglich sind, ist eine Konsequenz der Quantentheorie. In der Quantentheorie werden die Teilchen anhand einiger Eigenschaften (»Quantenzahlen«) charakterisiert: anhand ihrer Masse, ihrer elektrischen Ladung, auch noch ihrer Ladungen in Bezug auf die nuklearen Kräfte sowie anhand ihres Spins (der Spin verhält sich ähnlich wie eine Drehung, daher der Name). Und das war's. Wenn zwei Teilchen dieselben sogenannten Quantenzahlen aufweisen, kann man sie nicht voneinander unterscheiden. Das ist nicht so wie bei Objekten aus dem Alltag. Zwei Scheiben Brot können wohl gleich dick sein und aus denselben Zutaten bestehen, doch prinzipiell könnte man sie voneinander unterscheiden. Dasselbe gilt für zwei Weinflaschen oder zwei Fußbälle. Bei den Teilchen ist es jedoch anders – man könnte sagen, sie haben keine Identität.

Vielleicht sollte ich es nochmals andersherum sagen: Die Quantenzahlen sind die eigentlich wichtigen Eigenschaften, und diese können sich auf verschiedene Art durch Teilchen manifestieren. Die Quantenzahlen sind demnach fundamentaler als die Teilchen. Ein schweres Teilchen kann sich so in zwei oder mehrere leichtere Teilchen umwandeln, solange die Gesamtenergie und andere Quantenzahlen in der Summe erhalten bleiben.

Bei niedrigen Energien sind solche Umwandlungen selten oder gar unmöglich. Da kommt es schon vor, dass ein leichtes Teilchen nicht mehr »zerfallen« kann, weil es ganz einfach keine noch leichteren Teilchen mit den entsprechenden Quantenzahlen gibt. Doch bei hohen Energien, wie zum Beispiel im frühen Universum, passiert dies ständig.

Für uns ist dabei ein bestimmter Prozess von Bedeutung: Etwas vereinfacht dargestellt kann ein Neutron in ein Proton plus Elektron zerfallen, und umgekehrt kann sich ein Proton mit einem Elektron kombinieren, um ein Neutron zu bilden. Bei den hohen Energien im frühen Universum ist dies die ganze Zeit passiert. Das Schöne daran: Man kann ausrechnen, wie effizient solche Umwandlungen stattgefunden haben und in welchem Verhältnis sich die Zahl der Neutronen zu der der Protonen befand.

Das Universum dehnt sich aus und kühlt dabei ab (man kann ausrechnen, wie schnell). Deshalb verlangsamen sich die Umwandlungen. Zum einen, weil die Energie abnimmt, und zum anderen, weil sich wegen der Ausdehnung die Teilchen nicht mehr so einfach finden, um miteinander zu verschmelzen. Schon nach etwa einer Minute hören diese Umwandlungen auch vollständig auf. Das Endresultat ist, dass es zu diesem Zeitpunkt für jedes Neutron etwa sieben Protonen gibt.

Jetzt, da die Temperatur schon geringer ist, fangen die Protonen und Neutronen auch an, sich zu verbinden – es bilden sich die ersten Atomkerne. Dabei ist es so, dass Helium unter den leichten Atomkernen besonders stabil ist. Alle Neutronen tragen demnach vorzugsweise dazu bei, Heliumkerne (mit jeweils zwei Protonen und zwei Neutronen) zu bilden.

Zeit fürs Legospielen: Wir hatten eben festgehalten, dass es für jedes Neutron sieben Protonen gibt. Für einen Heliumkern brauchen wir aber zwei Neutronen. Diese werden also von vierzehn Protonen begleitet. Zwei dieser Protonen stecken wir in den Heliumkern, dann bleiben für jeden frisch gebauten Heliumkern zwölf Protonen übrig. Und Protonen wiegen ziemlich genauso viel wie Neutronen. Wenn wir dies nun anhand der Masse betrachten, kommen wir zum Schluss, dass das frühe Universum zu 75 Prozent aus Wasserstoffkernen besteht (ein Proton ist ein Wasserstoffkern) und zu 25 Prozent aus Heliumkernen. Dazu gibt es dann noch geringfügige Anteile schwererer Elemente.

Die Ausdehnung des Universums erklärt auch den Materieinhalt des frühen Universums.

Das ist grandios: Anhand der Hypothese, dass das frühe Universum sich aus einem sehr heißen, dichten Zustand entwickelt hat, können wir ausrechnen, wie viele Atome welcher Art es gegeben hat! Das ist eine sehr konkrete Vorhersage der Urknalltheorie (und auch der Quantentheorie). Der wissenschaftliche Begriff für diesen Prozess lautet *Primordiale Nukleosynthese.*

Astronomen haben natürlich versucht, die Bestandteile des frühen Universums zu messen, um zu schauen, ob diese Vorhersage auch zutrifft. Gut dafür geeignet sind sehr alte Sterne oder Gaswolken in sehr alten Galaxien, denn diese mussten ja aus den Urbestandteilen des Universums entstehen. Und tatsächlich findet man auf diese Art eine präzise Übereinstimmung zwischen

Theorie und Beobachtung. In alternativen Theorien, in denen sich das Universum nicht ausdehnt, gäbe es keinen Grund, warum alte Sterne und Gaswolken genau aus 75 Prozent Wasserstoff und 25 Prozent Helium bestehen sollten. Dies ist demnach der erste starke Hinweis, dass die Urknalltheorie stimmt.

Die hellste Flamme brennt am schnellsten

Freilich besteht das Universum heutzutage aus zahlreichen weiteren Elementen als nur Wasserstoff und Helium. Wie kam das? Lustigerweise wird die Antwort auf diese Frage auch erklären, warum Sterne leuchten.

Kommen wir zurück auf das mit Wasserstoff- und Heliumkernen gefüllte, minutenalte Universum. Es dehnt sich weiter aus und kühlt weiter ab. Jetzt, wo das Universum an Temperatur verliert, passiert auch alles nicht mehr ganz so schnell. Das Universum ist aber noch heiß genug, dass die Elektronen nicht fest an die Atomkerne gebunden sind, sondern noch frei herumfliegen können. Den Materieinhalt kann man sich nun wie ein Gas, bestehend aus Atomkernen und frei fliegenden Elektronen, vorstellen. Physiker nennen dies ein *Plasma*. (Gas besteht aus vollständigen Atomen, Plasma hingegen beinhaltet geladene Teilchen.) Die Verteilung dieses Plasmas war aber nicht absolut gleichförmig – es gab geringe Schwankungen in der Dichte. Sprich, an manchen Orten gab es ein kleines bisschen mehr und an anderen ein kleines bisschen weniger von diesem Plasma. Wie wir das wissen können (und warum das so kam), werden wir noch diskutieren.

Da das Universum aber sonst gesehen überall gleich war, machten diese minimalen Unterschiede auf Dauer dann doch einen großen Unterschied. Denn dort, wo sich ein bisschen mehr

Materie befand, war ja auch die Schwerkraft ein bisschen stärker. Das Plasma konnte sich so, über lange Zeiträume hinweg, unter Einfluss der eigenen Masse zusammenziehen. Dieser Prozess verstärkt sich selbst. Dadurch, dass sich das Plasma an einem Ort zusammenzieht, wird die Dichte höher, und folglich zieht es sich noch schneller zusammen. Orte mit höherer Dichte ziehen auch noch die Materie aus direkt umliegenden Gegenden an und entleeren diese nach und nach.

Dort, wo sich die Materie verdichtet, wird es auch wieder heißer. Die Wasserstoff- und Heliumatome fliegen schneller herum, wenn sie ins Zentrum einer dichten Region gesaugt werden, und wenn sie wieder wegfliegen wollen, werden sie von der Schwerkraft zurückgehalten. Durch die Schwerkraft werden diese dichten Regionen auch immer sphärischer. Nach langer Zeit (so etwa hundert Millionen Jahren) passiert etwas Neues: Nun ist es in einigen kollabierten Zentralregionen so heiß und so dicht, dass Wasserstoffkerne erneut anfangen zu verschmelzen. Hierbei bilden sie (nach und nach) neue Heliumkerne. Damit dies gelingt, müssen sich einige Protonen auch in Neutronen umwandeln – wie wir gesehen haben, ist dies bei ausreichend hoher Temperatur und Dichte möglich.

Heliumkerne sind stabil. Das sieht man daran, dass ihre Masse geringfügig kleiner ist als die von zwei einzelnen Protonen und zwei einzelnen Neutronen. Das ist ein bisschen so, als würde eine Mauer weniger wiegen als die Summe der Ziegel, mit denen man sie gebaut hat. Aber dieses kleine Detail ist äußerst wichtig: Wenn sich also aus zwei Protonen und zwei Neutronen ein Heliumkern bildet, bleibt noch ein bisschen Masse übrig. Diese Masse wird (denken Sie an $E=mc^2$) in Form von Strahlungsenergie ausgestrahlt. Anders gesagt, die Gesamtenergie bleibt gleich, und die restliche Masse, die nicht im Heliumkern landet, wird in Lichtstrahlen umgewandelt. Die Materieklumpen fangen also an zu leuchten. Die ersten Sterne sind entstanden!

Dieses Licht, das von den Zentralregionen ausgesandt wird,

bringt auch einen gewissen Druck nach außen mit sich. Dieser tendiert dazu, den Stern auseinanderzureißen. Aber die Schwerkraft wirkt in die entgegengesetzte Richtung und möchte den Stern weiterhin verdichten. Dabei entsteht ein Gleichgewicht, bei dem sich Strahlungsdruck und Gravitation ausgleichen. Der Stern kann so für lange Zeit stabil bleiben, er kann lange leben.

Diese frühen Sterne ziehen sich auch gegenseitig an, wiederum durch die Gravitationskraft. Auf diese Weise gruppieren sich die Sterne und bilden die ersten Galaxien. In den Zwischenräumen wird das Universum immer leerer, da alle Materie in die Galaxien gesaugt wird. So entstehen dann auch die ersten Leerräume im Universum. Freilich sind zu diesem Zeitpunkt die Distanzen zwischen den Galaxien noch recht gering. Aber durch die Ausdehnung des Universums werden diese Distanzen immer größer.

Aus winzigen Dichteschwankungen in der Anfangsphase entstanden Sterne und Galaxien sowie die großen Leerräume im Universum.

Eine Sache müssen wir aber noch klären: Zurzeit sind wir immer noch bei Wasserstoff und Helium stecken geblieben. Woher kommt der Rest der Materie?

Hierfür müssen wir die Sterne etwas länger verfolgen. Dieses Gleichgewicht zwischen Strahlungsdruck und Schwerkraft hält nämlich (wie eigentlich alles) nicht ewig an. Irgendwann ist der ganze Wasserstoff im Zentrum des Sterns, also dort, wo die Kernreaktionen stattfinden, aufgebraucht. Dann besteht das Innerste des Sterns nur noch aus Heliumkernen, und bei den Temperaturen (so um die zehn Millionen Grad) machen die nicht viel. Der Strahlungsdruck lässt nach, und die Schwerkraft bekommt die Überhand. Was danach passiert, hängt von der Größe des Sterns ab.

Sprechen wir zuerst darüber, was bei »normalen«, nicht allzu massereichen Sternen, wie unsere Sonne, passiert. Hier geht das oben beschriebene Gleichgewicht nach etwa zehn Milliarden Jahren verloren (unsere Sonne ist jetzt fast fünf Milliarden Jahre alt, es bleibt also noch etwas Zeit).

Der innere Teil des Sterns zieht sich dann unter dem Einfluss der Gravitation zusammen, und die Temperatur und Dichte erhöhen sich weiter. Dadurch verschmilzt/verbrennt noch ein bisschen vom Wasserstoff, der um das Heliuminnere herum angesiedelt ist. Die dadurch verursachte Strahlung bläht den Stern zu einem sogenannten Roten Riesen auf. Doch das Innere zieht sich immer weiter zusammen und wird immer heißer. Bei hundert Millionen Grad ist es endlich heiß genug, damit die Heliumkerne aktiv werden. Diese können jetzt miteinander verschmelzen und dabei Kohlenstoff (das ist der nächste stabilere Kern, mit sechs Protonen und sechs Neutronen) produzieren. Das geht recht schnell, und bei diesem Prozess wird plötzlich viel Strahlungsenergie freigesetzt.

Diese Strahlungsenergie pustet den ganzen äußeren Teil des Sterns ins Weltall, und es bleibt nur noch ein kleiner, nicht sehr heller Stern übrig. Solch ein Überbleibsel nennt man einen Weißen Zwerg. Die Gase der äußeren Schicht, die nun auch Kohlenstoff beinhalten, fliegen nun in alle Richtungen davon und werden nach und nach Teil neuer Gaswolken.

Noch spektakulärer wird es bei sehr massereichen Sternen. Die leben ohnehin nicht so lange, weil sie ihren Treibstoff schnell verbrennen. Nach weniger als einer Milliarde Jahren gehen diese Sterne schon in die Roter-Riese-Phase über. Im Inneren verschmelzen Heliumkerne nicht nur zu Kohlenstoff-, sondern auch zu Sauerstoffkernen. Es wird so viel Strahlungsenergie freigesetzt, dass der Stern im Innern schnell kollabiert und dabei noch heißer und dichter wird. Bei apokalyptischen Temperaturen von mehreren Milliarden Grad und einer Dichte von einer Tonne pro Kubikzentimeter (!) verschmelzen die Atomkerne weiter zu

Neon, Magnesium, Silikon, Phosphor und anderen Elementen und schließlich zu Nickel und Eisen. Diese beiden sind nämlich die stabilsten Atomkerne.

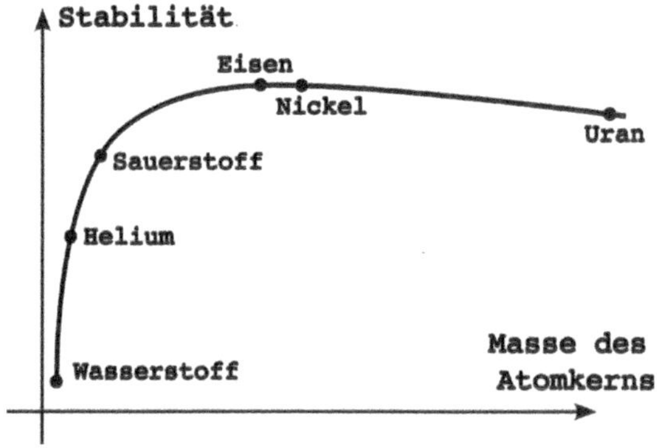

Skizze 5 Die Stabilität der Atome.

Immer noch verliert der Stern Energie durch die ganze Strahlung. Und als Resultat? Der innerste Teil des Sterns kollabiert nun völlig, und zwar so, dass wir nicht einmal mehr von Atomen sprechen können. Sogar die Elektronen werden auf die Atomkerne gepresst und wandeln sich mit den Protonen in Neutronen um. Dabei explodiert das Äußere des Sterns in einer sogenannten Supernova. Die leuchtet so hell wie eine ganze Galaxie! (Gäbe es eine Supernova in unserem benachbarten Drei-Sterne-System, so hätten wir für einige Wochen eine zweite Sonne am Himmel.) Jetzt entweicht also all die neu fabrizierte Materie ins All, und was bleibt diesmal übrig?

Das hängt wiederum von der Masse ab. Ist das Sterneninnere weniger als dreimal so schwer wie unsere Sonne, so bleibt dieses Innere, das jetzt aus Neutronen besteht, übrig. Man nennt dies auch einen Neutronenstern. Das ist eigentlich schon fast so etwas wie ein riesiger Atomkern, der extrem dicht ist (meist haben diese einen Radius von nur zehn Kilometern, aber halt die Masse eines Sterns). Und wenn das Sterneninnere noch massereicher als drei Sonnen ist? Dann hält nichts mehr die Gravitationskraft auf – dann kollabiert das Innere immer weiter, der Raum wird immer gekrümmter, bis ein Schwarzes Loch entsteht. Dies ist der drastischste Ausgang, den ein Stern so erwarten kann.

Aber kommen wir nochmals zurück auf die Materie, die jetzt ins All geschossen wurde. Sie besteht immer noch aus Wasserstoff (in den äußeren Schichten des Sterns wurde dieser nicht verbrannt) und Helium, aber die Materie ist jetzt angereichert mit Kohlenstoff, Sauerstoff, Eisen usw. Nun gibt es neue Elemente im Universum. Diese Materie bildet auf Dauer neue Gaswolken, die wiederum in sich zusammenfallen und neue Sterne bilden können. Doch diesmal gibt es einen Unterschied: Jetzt sind bei der Geburt des neuen Sterns schon einige schwerere Elemente dabei. Wenn das Ganze sich wiederholt, eine nächste Generation Sterne sich bildet und wieder explodiert, so kommen jedes Mal zusätzliche, schwere Elemente hinzu.

Dies hat für uns eine nicht ganz unwichtige Konsequenz. Man schätzt, dass nach drei Generationen genügend zusätzliche Elemente vorhanden sind, damit sich nicht nur ein Stern bildet, sondern auch noch ein bisschen »Staub« übrig ist, aus dem sich Planeten formen. Die Planeten sind sozusagen die Überbleibsel einer Sternengeburt. Es ist auch kein Zufall, dass das Erdinnere aus Nickel und Eisen besteht, denn dies sind ja die stabilsten Atome, die sich im Innern eines Sterns bilden.

Das bedeutet dann aber auch, dass alle Elemente, aus denen unsere Erde besteht (außer Wasserstoff), früher einmal in einem Stern produziert wurden. Und auch Sie selbst bestehen aus diesen Elementen: Ihre Haut, Arme, Organe, Hirn, alles besteht aus Kombinationen von Kohlenstoff, Stickstoff, Sauerstoff usw. Und diese Atome wurden in früheren Sternengenerationen produziert.

Wir sind Sternenkinder.

Noch ein letzter Gedanke, bevor wir wieder ins sehr frühe Universum zurückgehen. Es kann vorkommen, dass auch Weiße Zwerge und Neutronensterne sich einander zu nahe kommen und miteinander kollidieren. Hauptsächlich bei Neutronensternen ist genügend Energie vorhanden, um auch größere, schwerere (jedoch weniger stabile) Atomkerne als Eisen zu produzieren. So haben einige meiner Kollegen am Max-Planck-Institut für Gravitationsphysik 2022 ausgerechnet, dass das meiste Gold auf der Erde wahrscheinlich aus genau solchen Neutronensternkollisionen hervorgegangen ist (wohlverstanden vor der Geburt des Sonnensystems, womöglich sogar in Zwerggalaxien, die die Milchstraße seither verschluckt hat). Das macht Gold noch wertvoller, finden Sie nicht?

Kosmische Rätsel und Wunder

Wir sind schon weit gekommen. Im Groben ist die Entwicklung des gesamten Universums, von der ersten Hundertstelsekunde an, jetzt klar. Natürlich habe ich Details weggelassen, darum ging es ja auch nicht. Das Leitmotiv ist jedenfalls, dass unsere besten physikalischen Theorien, die Relativitätstheorie und die Quantentheorie, in erstaunlich klarer Weise die Beschaffenheit und Entwicklung des Universums geprägt haben.

In diesem Kapitel kommen wir nun zu den ungeklärten Fragen und den rätselhafteren Aspekten des Universums. Wie Sie sehen werden, kann man immerhin noch ziemlich viel über das sagen, was wir nicht kennen.

Das Erste, was wir unbedingt diskutieren müssen, sind die zusätzlichen Materiearten, die es wohl im Universum gibt, welche wir aber nicht so richtig verstehen. Es gibt zwei davon: die Dunkle Materie und die Dunkle Energie.

Dunkle Materie

Es gibt eine einfache Methode, um herauszufinden, wie viel »normale« Materie es im Universum gibt. Man kann einfach die Sterne respektiv Galaxien zählen, auch noch die Gas- und Staubwolken miteinbeziehen und alles zusammenzählen. Eine zweite Methode beruht auf den Rechnungen, die wir im letzten Kapitel beschrieben haben, als wir den Materieinhalt des frühen Universums anhand der Primordialen Nukleosynthese beschrieben haben. Beide Methoden liefern Resultate, die im Einklang zueinander stehen.

Das Problem: Es scheint deutlich mehr Masse zu existieren, als diese Messungen angeben. Denn wenn Objekte sich umkreisen, hängen die Umlaufbahnen von der Masse ab. In unserem Sonnensystem zum Beispiel werden die Distanzen und Geschwindigkeiten der Planeten hauptsächlich von der Masse der Sonne bestimmt. In einer Galaxie trifft dasselbe auf die Umlaufbahnen der Sterne zu; Galaxien drehen sich. Hier hängt die Distanz der Sterne zum Zentrum der Galaxie und deren Geschwindigkeit von der gesamten Masse ab, die sich innerhalb der Umlaufbahn befindet. (Im Sonnensystem ist es übrigens auch so, nur dass die Sonne bei Weitem am massereichsten ist und man alles andere ignorieren kann.) Sowohl die Distanzen zu den Galaxienzentren wie auch die Geschwindigkeiten der Sterne kann man messen. Diese Messungen zeigen, dass es sehr viel mehr Materie in Galaxien geben muss, als die Sterne und Gaswolken anzeigen. Weil man diese Materie aber nicht sieht, wird sie Dunkle Materie genannt.

Man kann das Ganze nun bei Galaxienhaufen wiederholen, bei denen ganze Galaxien sich umkreisen. Wiederum misst man die Distanzen und Geschwindigkeiten, mit dem Resultat, dass es auch hier sehr viel mehr Dunkle Materie als leuchtende Materie geben muss – etwa vier- bis fünfmal so viel. Es gibt weitere Beobachtungen, die dies bestätigen. So kommt es zum Beispiel vor, dass das Licht weit entfernter Galaxien durch solche umgeleitet wird, die uns näher sind. Das kann man anhand der Relativitätstheorie gut verstehen: Die Galaxien krümmen den Raum durch ihre große Masse. Und das Licht folgt dann diesem gekrümmten Raum. Dadurch wird das Bild der Galaxien, die sich zufällig (aus unserer Sicht) hinter einer anderen Galaxie befinden, verzerrt. Die Verzerrung verrät uns, wie massereich die dazwischen liegende Galaxie ist. In anderen Worten: Die Verzerrung erlaubt es uns, die Galaxie, die für die Verzerrung verantwortlich ist, zu wiegen. Solche Messungen bestätigen die Existenz Dunkler Materie.

Woraus könnte Dunkle Materie bestehen? Im vorhergehenden Kapitel haben wir gesehen, dass Materieteilchen durch gewisse Zahlen (Quantenzahlen) charakterisiert werden. Diese Zahlen bestimmen, welche elektrische Ladung die Materieteilchen haben, welche Ladungen sie in Bezug auf nukleare Kräfte besitzen, oder auch, wie massereich sie sind. Und diese Zahlen bestimmen dann auch, wie die Teilchen aufeinander wirken. Elektrisch geladene Teilchen ziehen sich an oder stoßen sich ab, ungeladene sind gegenüber elektrischen Kräften immun. So könnte es Teilchen geben, vielleicht sogar mehrere Sorten davon, die nur ganz wenig (oder vielleicht gar nicht) mit Licht wechselwirken. Wenn Sie jetzt dieses Buch sehen, dann ist das nur möglich, weil Lichtteilchen (entweder von der Sonne oder von einer elektrischen Lichtquelle) auf das Buch fallen, davon zurückgespiegelt werden und in Ihrem Auge ankommen. Stellen Sie sich aber vor, das Buch bestünde aus Materie, die nicht mit Licht wechselwirkt. Die Lichtteilchen würden einfach durch das Buch hindurchfliegen. Es wäre trotzdem da, man könnte seine Masse fühlen, aber sehen würde man es nicht. Solche Materiesorten wären einfach dunkel. Nun kommt aber noch eine erschwerende Maßnahme hinzu: Es scheint so, als wollte die Dunkle Materie nicht nur wenig mit Licht zu tun haben, sondern auch mit anderen uns bekannten Teilchen wie Elektronen, Protonen usw. Sprich, die Dunkle Materie kann man nicht »anfassen«, sie fliegt durch alles uns Bekannte einfach hindurch. Die einzige Spur, die sie hinterlässt, ist die Krümmung des Raums, die sie verursacht. Dadurch ist es auch schwer und bisher noch nicht gelungen, die Dunkle Materie in einem Labor zu messen oder einzufangen.

Gäbe es noch Alternativen zu dieser Erklärung? Nicht sehr viele. Eine Möglichkeit, die vielleicht weniger spekulativ ist, wäre die, dass Dunkle Materie aus Schwarzen Löchern bestehen könnte. Die sind ja auch dunkel und haben Masse. Und wir wissen, dass es sie gibt. Hier ist der Haken an der Sache ein anderer: Wären die Schwarzen Löcher so schwer wie Sterne, dann bräuchte man so viele davon, um die Dunkle Materie zu erklären, dass man viel zahlreichere Kollisionen in den Gravitationswellendetektoren messen können müsste. Das ist aber nicht der Fall. Auch schwerere Schwarze Löcher kann man ausschließen, denn die hätten drastische Effekte auf die Umlaufbahnen von Sternen in Galaxien, und solche werden nicht gesehen. Eigentlich ist es so, dass die Dunkle Materie nur aus sehr leichten Schwarzen Löchern mit jeweils einer ähnlichen Masse wie der Mount Everest bestehen könnte. Man weiß allerdings nicht, wie sich solche kleinen Schwarzen Löcher hätten bilden können. In einer Supernova entsteht eben immer ein Schwarzes Loch, das etwa die Masse eines Sterns hat. Und Schwarze Löcher werden im Laufe der Zeit noch massereicher, durch all die Materie, die sie verschlingen. Es ist also völlig unklar, ob es überhaupt kleinere, leichtere Schwarze Löcher im Universum gibt, geschweige denn, ob es genügend davon gibt.

Diese Schwierigkeiten haben sogar dazu geführt, dass einige Physiker vorgeschlagen haben, die Relativitätstheorie würde nicht zutreffen und die Gravitationskraft würde durch andere Gesetze beschrieben. Solch alternativen Theorien sind jedoch nicht ganz glaubwürdig (meiner Meinung nach), da sie Schwierigkeiten haben, längst etablierte Experimente zu erklären. Dieses Thema könnte man jetzt lange diskutieren, wie die Physiker es auch gerne tun, aber es gibt mittlerweile einen sehr direkten Hinweis, dass es Dunkle Materie gibt (in welcher Form auch immer).

Hierfür können Sie sich Abbildung 13 im Bildtafelteil anschauen. Sie zeigt den sogenannten »bullet cluster«, bestehend aus zwei Galaxienhaufen. In der Mitte befindet sich eine große Gaswolke. Diese wurde mit Röntgenstrahlen beobachtet, und deren Lokalisierung wird in Rosa angezeigt (das Röntgenstrahlenbild wurde überlagert). Weiterhin gibt es die blauen Regionen, die ebenso überlagert wurden. Diese zeigen an, wo sich die Masse befindet. Diese Masse kann man wieder dadurch bestimmen, dass man die verzerrten Bilder von Galaxien, die sich hinter diesen Haufen befinden, analysiert. Solche verzerrten Bilder kann man ganz gut erkennen – schauen Sie nach länglichen, gekrümmten hellen Streifen. Die blauen Regionen (und die Kreise) zeigen also an, wo sich die zwei Galaxienhaufen derzeit aufhalten.

Doch weshalb ist dieses Bild ein direkter Beweis für Dunkle Materie? Das hat mit der großen Gaswolke zu tun. Normalerweise befinden sich solche Gaswolken inmitten der Galaxienhaufen und nicht daneben. Die Interpretation hier ist folgende: Diese beiden Galaxienhaufen sind miteinander kollidiert. Durch die gegenwärtigen Geschwindigkeiten kann man bestimmen, dass die Kollision vor etwa hundert Millionen Jahren stattgefunden hat. Dabei sind die Galaxien, die im Verhältnis zum Haufen klein sind, fast alle aneinander vorbeigeflogen. Doch die Gaswolken der beiden Haufen sind kollidiert, haben sich gegenseitig abgebremst und sind in der Mitte stecken geblieben. Das Gas hat sich bei der Kollision erhitzt, was man auch messen kann. Die restlichen Bestandteile der Haufen sind durcheinander hindurchgeflogen – insbesondere die Dunkle Materie, da sie ja nicht mit dem Gas reagiert. Deswegen sind die Gaswolke und die verzerrten Galaxienbilder jetzt voneinander getrennt.

Man kann durch eine Analyse der verzerrten Galaxienbilder bestimmen, wie viel Masse sich in den blauen Regionen befindet. Sie beträgt wiederum das Fünffache der Masse in der großen Gaswolke (und ein Vielfaches mehr als die Masse der Sterne in den Galaxien). Hier haben wir also ein deutliches Beispiel, das zeigt, wie sich die Dunkle Materie von der leuchtenden Masse der Gaswolke getrennt hat. Anders gesagt, wir haben einen direkten Beweis dafür, dass der größte Teil der Masse in diesem System nicht leuchtet – also dunkel ist. Mit einer Änderung der Gravitationskraft ist dies nicht zu erklären.

Insgesamt zeigen Beobachtungen, dass die Materie im Univer-

gung gezogen werden, um diese höchst mysteriöse Art der Energie zu verstehen. Ich kann Ihnen aber jetzt schon verraten, dass es so aussieht, als würde uns dieses Rätsel noch einige Zeit begleiten.

Zwei Aspekte sind für uns momentan wichtig. Erstens ist die Dunkle Energie winzig klein. Sie ist so gering, dass wir keine Chance haben, sie auf der Erde oder in unserem Sonnensystem »einzufangen« und zu messen. Nur in den Weiten des Alls macht sie sich bemerkbar, eben weil sie stärker wird, je größer der Raum ist, den man untersucht. Und zweitens war sie in der Vergangenheit eher unwichtig. Aus einem einfachen Grund: Als das Universum kleiner war, hatte es weniger Raum und daher weniger Dunkle Energie. Wenn wir weit in die Vergangenheit zurückschauen, zum Urknall hin, spielt die Dunkle Energie deswegen auch eine völlig untergeordnete Rolle.

Aber wenn wir schon beim Thema sind: Wir können uns ein Bild machen, wie die verschiedenen Arten der Materie sich im Laufe der Geschichte des Universums entwickelt haben. Das spielt eine entscheidende Rolle, weil die Relativitätstheorie ja besagt, dass die Krümmung von Raum und Zeit vom Materiegehalt des Universums (und insbesondere von der Energie der Materie) abhängt. Anders gesagt, die Materie bestimmt, wie das Universum sich ausdehnt. Aber die Materie selbst ändert sich mit der Ausdehnung.

Wie eben besprochen, bleibt die Energiedichte der Dunklen Energie mit der Ausdehnung konstant. Bei normaler Materie, also sowohl der Materie, aus der wir bestehen, als auch der Dunklen Materie, ist es so, dass die Energiedichte durch die Ausdehnung abnimmt, einfach weil die Materie verdünnt wird.

Bei der Strahlung im Universum (also beim Licht der Sterne und auch allen sonstigen Strahlen wie Infrarotstrahlen, Röntgenstrahlen usw.) verhält sich die Energiedichte aber noch etwas anders. Das hat mit der Rotverschiebung zu tun. Hier ist es so, dass sich mit der Ausdehnung einerseits die Zahl der Lichtteilchen verdünnt, aber andererseits auch noch zusätzlich die Wellenlänge gedehnt wird. Und eine längere Wellenlänge entspricht einer geringeren Energie. (Intuitiv ergibt dies Sinn: Etwas, das ganz schnell vibriert, hat mehr Energie als etwas, das langsam vibriert.) Da beide Effekte zusammenwirken, nimmt die Energiedichte der Strahlung mit der Ausdehnung noch schneller ab.

Fassen wir zusammen: Die Energiedichte der Strahlung nimmt mit der Ausdehnung am schnellsten ab, dann kommt die der normalen Materie und schließlich die Dunkle Energie, deren Energiedichte konstant bleibt. Gehen wir nun in der Zeit zurück, so kehrt sich das Ganze um. Konkret: Auch wenn heute die Dichte der normalen Materie geringer ist als die der Dunklen Energie, so war das nicht immer so. Denn in der Vergangenheit war die Dichte der Dunklen Energie ja immer noch gleich, aber die der normalen Materie war größer. Und gehen wir noch weiter in die Vergangenheit zurück, so muss es einen Zeitpunkt gegeben haben, ab dem die Strahlung durch ihre Energiedichte dominierte.

Ein Bild hilft: Sehen Sie sich Abbildung 14 im Bildtafelteil an. Dort habe ich den Anteil der verschiedenen Materiearten an der Gesamtdichte des Universums ausgerechnet, für verschiedene Größen des Universums. Die Größe wird im Vergleich zur heutigen Größe angezeigt, 1 heißt also heute, und $^1/_{10}$ bezeichnet den Moment, als das Universum zehnmal kleiner war als heute. Gehen wir zurück in der Zeit, also von rechts nach links im Bild. Heute liefert die Dunkle Energie (grün) den größten Anteil der Energiedichte, gefolgt von der normalen Materie (orange), und es gibt nur ganz wenig Strahlungsenergie (blau). Doch als das Universum nur ein wenig kleiner war, etwa siebzig Prozent (das sind 7/10) der heutigen Größe, waren die Beteiligungen der Dunklen Energie und der normalen Materie gleich. Das war vor etwa fünf Milliarden Jahren. Zu jedem früheren Zeitpunkt war die normale Materie wichtiger. Und gehen wir noch weiter zurück, bis zu einer Größe von etwa drei Zehntausendstel der heutigen, so war die Strahlung auf einmal genauso wichtig wie die normale Materie. Das war 50 000 Jahre nach dem Urknall. In der ganzen Zeit davor hat die Strahlung dominiert. Um das frühe Universum zu beschreiben, sind wir also nicht darauf angewiesen, die Dunkle Materie und die Dunkle Energie in allen Details zu verstehen. Die Strahlungsenergie, die wir sehr gut kennen, hat damals die Krümmung von Raum und Zeit bestimmt und folglich auch die Entwicklung des Universums. Das ist schon sehr praktisch, und es ist eine weitere Ursache, weshalb wir so viel über die Geschichte des Universums wissen.

Ich muss gestehen, dass dieses Bild mich immer wieder fasziniert. Es zeigt, wie jede Art der Materie zu einem gewissen Zeitpunkt eine große Rolle gespielt hat. Auch wenn Strahlung zum Beispiel heutzutage eher unwichtig für die Entwicklung des Universums ist, so zeigt uns die Relativitätstheorie, dass es gerade die Strahlung war, die die frühen Stadien geprägt hat. Wir können auch in die Zukunft extrapolieren – ich habe die Berechnung fortgesetzt, bis das Universum zehnmal so groß sein wird wie heute. Da sieht man ganz klar, dass die mysteriöse Dunkle Energie die Zukunft bestimmen wird. Das macht sie natürlich doppelt spannend. Und diese Berechnung erlaubt uns zudem, das Alter des Universums herauszufinden. So stellt sich heraus, dass bei dieser Materieverteilung die Größe null erreicht wird, wenn wir 13,8 Milliarden Jahre in die Vergangenheit gehen.

Die Materieverteilung im Universum entspricht einem Alter des Universums von 13,8 Milliarden Jahren.

Wäre das Universum anders zusammengesetzt, hätte es ein anderes Alter. Wäre die Verteilung der Materie nicht so gleichmäßig im Universum, wären unterschiedliche Regionen des Universums auch unterschiedlich alt.

Strahlendes Universum

Konzentrieren wir uns jetzt auf die Zeit kurz nachdem die normale Materie die Vorherrschaft von der Strahlung übernommen hat. Dies war eine besondere Zeit in der Entwicklung unseres Universums, die (nach der Primordialen Nukleosynthese) den zweiten klaren Beweis für das Urknallmodell liefert. Wie oben erwähnt, wurde die normale Materie so etwa 50 000 Jahre nach dem Urknall zur Hauptkomponente des Universums. Damals war das Universum 10 000 Grad Celsius heiß. Bei dieser Temperatur hatten die Elektronen genügend Energie, um frei herumzufliegen. Anders gesagt, die Elektronen waren nicht an die Atomkerne gebunden. Man kann sich das Universum demnach als ein Wirrwarr von Atomkernen, Elektronen und Lichtteilchen (Photonen) vorstellen, die mit großer Geschwindigkeit herumflogen und immer wieder auch miteinander kollidierten. Dabei waren es die Elektronen und Photonen, die bei Weitem am häufigsten aufeinanderprallten. Das heißt dann aber auch, dass Photonen nie weit in eine Richtung fliegen konnten, da kam schon wieder ein Elektron, und wumm! – dann ging es wieder in einer anderen Richtung weiter.

Jetzt bedenken Sie kurz, weshalb Sie draußen zum Beispiel einen Baum so gut sehen können. Dies kommt daher, dass Photonen von der Sonne ausgestrahlt wurden – diese treffen dann auf den Baum, der die Lichtteilchen reflektiert. Ein Bruchteil der Lichtteilchen fliegt dann vom Baum in gerader Linie auf Ihr Auge zu und löst dort einen elektrischen Strom aus, den Ihr Gehirn als Bild eines Baumes interpretiert. Das für uns Wichtige daran: Das Licht konnte in gerader Linie vom Baum in Ihr Auge gelangen. Wäre es unterwegs auf Elektronen geprallt, hätte es die Richtung geändert, und Sie würden den Baum überhaupt nicht sehen. Das bedeutet, dass in dieser frühen Zeit des Universums, mit der wir uns gerade befassen, das Universum gar nicht durchsichtig war. Manchmal wird es auch mit einer heißen Suppe verglichen.

Doch durch die Ausdehnung hat das Universum sich abgekühlt. Dabei haben die Elektronen nach und nach an Energie verloren und konnten nicht mehr so schnell fliegen. Es kam der Moment, an dem das Universum auf 3000 Grad Celsius abgekühlt und 380 000 Jahre alt war. Fortan reichte die Energie der Elektronen nicht mehr aus, um den Atomkernen zu entkommen. (Erinnern wir uns: Die Elektronen sind elektrisch negativ geladen und die Atomkerne positiv – sie ziehen sich also gegenseitig an.) Die Elektronen haben sich demnach mit den Atomkernen verbunden, und die ersten (elektrisch neutralen) Atome sind entstanden. Die Photonen reagieren aber sehr viel schwacher auf Atome, eben weil diese insgesamt elektrisch neutral sind. Plötzlich konnten die Photonen also über weite Strecken auf gerader Linie fliegen: Das Universum wurde auf einmal durchsichtig!

Wenn ich hier schreibe, dass manche Photonen jetzt ungestört über weite Strecken fliegen konnten, so meine ich tatsächlich sehr weite Strecken. Man muss sich das so vorstellen: Das Universum war zu diesem Zeitpunkt unversehens mit Photonen gefüllt. Es gab diese Photonen überall, und sie sind in alle Richtungen geflogen. Seit diesem Zeitpunkt ist das Universum etwa 13,8 Milliarden Jahre älter geworden. Es hat sich auch um ein 1000-Faches ausgedehnt. Und diese Photonen fliegen immer noch im Universum herum. Man nennt sie die *kosmische Hintergrundstrahlung.*

Als diese Strahlung ausgesandt wurde, war sie so heiß (eben etwa 3000 Grad), dass wir sie mit bloßem Auge hätten sehen können (falls es damals schon Augen gegeben hätte). Mit der Ausdehnung des Universums wurde diese Strahlung dann kälter, die Wellenlänge wurde 1000-mal länger, und heutzutage befinden sich diese Strahlen im Mikrowellenbereich. Mit Radioteleskopen kann man sie beobachten, was zum ersten Mal im Jahr 1964 gelang. Mittlerweile gibt es detaillierte Bilder dieser Strahlung (in falschen Farben, da wir Mikrowellen mit unseren Augen ja nicht sehen können), die von Satelliten aufgenommen wurden. Das beste dieser Bilder, von einem Satelliten namens PLANCK aufgenommen, ist im Bildtafelteil enthalten, schauen Sie sich dort Abbildung 15 an. Wir werden uns gleich die Details dieser Abbildung vornehmen. Aber allein die Tatsache, dass es diese Strahlung überhaupt gibt, ist eine direkte Konsequenz der Ausdehnung des Universums. Daher können wir vermerken:

Die kosmische Hintergrundstrahlung
liefert einen direkten Beweis dafür,
dass das Universum einmal heiß und dicht war.

Ein paar Anmerkungen: Eigentlich haben die Entdecker, Arno Penzias und Robert Wilson, die für eine Kommunikationsfirma arbeiteten, gar nicht nach der kosmischen Hintergrundstrahlung gesucht. Sie wollten vielmehr ihre neue, große Antenne kalibrieren. Aber da gab es ein Rauschen in der Antenne, das nicht wegging. Sie kontrollierten ihre Antenne, wischten sogar den Vogeldreck ab, drehten die Antenne in verschiedene Richtungen, aber egal, was sie taten, das Rauschen war immer noch da. Dazu kam es aus jeder Richtung. Mehr oder weniger per Zufall hatten die beiden Kontakt zu Physikern an der Uni in Princeton, die tatsächlich zu diesem Zeitpunkt entsprechende Berechnungen zur Urknalltheorie durchgeführt hatten und nun genau diese Strahlung ausfindig machen wollten. Penzias und Wilson waren ihnen dabei zuvorgekommen. Sie haben für diese, wie sich herausstellte, monumentale Entdeckung 1978 den Nobelpreis erhalten. Jim Peebles, damals ein junger Forscher, war einer derjenigen, die in Princeton die dazugehörigen Rechnungen durchgeführt hatten. Er bekam 2019 den Nobelpreis für seine (zahlreichen) Arbeiten in der Kosmologie. Dazu ist er wohl der entspannteste Physiker, den ich je kennengelernt habe.

Die kosmische Hintergrundstrahlung wurde überall im Uni-

einer Geschwindigkeit von etwa 370 Kilometern pro Sekunde, im Verhältnis zu diesem Ruhesystem, bewegt. Mit dieser Geschwindigkeit fliegen wir durchs All, in eine Richtung, die sich im Sternbild Löwe befindet (dieses Sternbild sieht man im Frühjahr am frühen Abend gut). Das Säuglingsbild des Universums hat uns zum ersten Mal gezeigt, auf welche Weise wir uns durchs Universum bewegen – ganz erstaunlich.

Wenn diese beiden Beiträge abgezogen sind, bleibt das, was wir in Abbildung 15 sehen: ganz kleine Temperaturschwankungen von nicht mehr als etwa einem Zehntausendstel Grad. Wie das Bild (welches eine Karte des Himmels darstellt) zeigt, gibt es solche winzigen Temperaturschwankungen in alle Richtungen. Die Regionen, die ein ganz wenig wärmer sind, sind hier rot eingefärbt und die etwas kälteren blau.

Doch was bedeuten diese Temperaturschwankungen? Sie erinnern sich: Das Universum kühlt ab, wenn es sich ausdehnt. Gibt es jetzt eine Region, die sich ein ganz bisschen schneller ausdehnt, so kühlt sich das Universum dort auch ein bisschen weiter ab. Und umgekehrt: Dehnt sich das Universum in einer Gegend etwas langsamer aus, so bleibt es dort noch ein wenig heißer als nebenan. Aber mit der Ausdehnung ändert sich auch die Dichte der Materie. Dehnt sich das Universum etwas weniger aus, so bleibt die Dichte der Materie dort etwas größer. Sprich, die Temperaturschwankungen zeigen uns, dass es Gegenden im frühen Universum gab, die ein bisschen dichter waren als der Durchschnitt, und andere, die ein klein wenig leerer waren.

Das kommt uns bekannt vor. Wie wir im vorherigen Kapitel beschrieben haben, braucht es genau solche kleinen Dichteschwankungen, damit sich Sterne und später Galaxien bilden. Jetzt sehen wir diese Dichteschwankungen direkt am Himmel – ein großartiges Beispiel dafür, dass wir in die Vergangenheit schauen, in diesem Fall sogar so weit wie möglich. Das bedeutet also, dass die kosmische Hintergrundstrahlung uns gewissermaßen die Samen zeigt, aus denen die ganze Struktur des Univer-

beste dieser Bilder, von einem Satelliten namens PLANCK aufgenommen, ist im Bildtafelteil enthalten, schauen Sie sich dort Abbildung 15 an. Wir werden uns gleich die Details dieser Abbildung vornehmen. Aber allein die Tatsache, dass es diese Strahlung überhaupt gibt, ist eine direkte Konsequenz der Ausdehnung des Universums. Daher können wir vermerken:

Die kosmische Hintergrundstrahlung
liefert einen direkten Beweis dafür,
dass das Universum einmal heiß und dicht war.

Ein paar Anmerkungen: Eigentlich haben die Entdecker, Arno Penzias und Robert Wilson, die für eine Kommunikationsfirma arbeiteten, gar nicht nach der kosmischen Hintergrundstrahlung gesucht. Sie wollten vielmehr ihre neue, große Antenne kalibrieren. Aber da gab es ein Rauschen in der Antenne, das nicht wegging. Sie kontrollierten ihre Antenne, wischten sogar den Vogeldreck ab, drehten die Antenne in verschiedene Richtungen, aber egal, was sie taten, das Rauschen war immer noch da. Dazu kam es aus jeder Richtung. Mehr oder weniger per Zufall hatten die beiden Kontakt zu Physikern an der Uni in Princeton, die tatsächlich zu diesem Zeitpunkt entsprechende Berechnungen zur Urknalltheorie durchgeführt hatten und nun genau diese Strahlung ausfindig machen wollten. Penzias und Wilson waren ihnen dabei zuvorgekommen. Sie haben für diese, wie sich herausstellte, monumentale Entdeckung 1978 den Nobelpreis erhalten. Jim Peebles, damals ein junger Forscher, war einer derjenigen, die in Princeton die dazugehörigen Rechnungen durchgeführt hatten. Er bekam 2019 den Nobelpreis für seine (zahlreichen) Arbeiten in der Kosmologie. Dazu ist er wohl der entspannteste Physiker, den ich je kennengelernt habe.

Die kosmische Hintergrundstrahlung wurde überall im Universum gleichzeitig und in alle Richtungen ausgesandt. Es gibt sie also auch überall. Wir beobachten eben genau die Photonen, die durch Zufall genau jetzt hier ankommen. Sie haben eine Reise von 13,8 Milliarden Jahren hinter sich und kommen aus allen Himmelsrichtungen. Man kann ausrechnen, dass die Gegenden, von denen sie damals ausgesandt wurden, heute 46 Milliarden Lichtjahre von uns entfernt sind. Die Distanz ist größer als 13,8 Milliarden Lichtjahre, weil das Universum sich in der Zwischenzeit ausgedehnt hat. Freilich können wir nicht wissen, was heutzutage in diesen Gegenden los ist.

Wir können auch nicht weiter ins Universum schauen – nur bis zur kosmischen Hintergrundstrahlung. Noch weiter zu schauen würde bedeuten, noch weiter in die Vergangenheit zu schauen, und das geht nicht, denn davor war das Universum ja gar nicht durchsichtig.

Die kosmische Hintergrundstrahlung liefert uns das älteste Bild des Universums.

Durch die Ausdehnung des Universums wird die Strahlung nicht nur kälter, sondern sie wird auch verdünnt. Man kann ausrechnen, dass jeder Kubikzentimeter im All gegenwärtig etwa 411 Photonen enthält, die zur kosmischen Hintergrundstrahlung gehören. Bei früheren, analogen Fernsehern gab es ein Bildrauschen (der »Schnee«), wenn die Frequenz falsch eingestellt war – etwa ein Prozent hiervon stammte von der Hintergrundstrahlung und war also ein Überbleibsel des Urknalls …

Noch eine Anmerkung: Dadurch, dass wir nicht hinter die kosmische Hintergrundstrahlung schauen können, wissen wir nicht, wie groß das Universum ist. Wir wissen nur, wie groß das Universum mindestens ist (ein Durchmesser von 92 Milliarden Lichtjahren, da die Gegenden, aus denen die Hintergrundstrahlung ausgesandt wurde, 46 Milliarden Lichtjahre in jede Richtung entfernt sind), aber es könnte durchaus viel größer sein. Wir kommen später noch mal auf diese Frage zurück.

Aber nun zur Beschreibung des Säuglingsbildes unseres Universums. Dieses Bild enthält nämlich eine enorme Menge an kosmischen Informationen. Zuerst müssen wir aber noch klären, dass Abbildung 15 erst so aussieht, wie sie aussieht, nachdem zwei Subtraktionen vorgenommen wurden. Zum einen hat man die Durchschnittstemperatur abgezogen und zum anderen auch eine Geschwindigkeitsverformung. Was meine ich damit? Es ist so, dass die kosmische Hintergrundstrahlung in jede Richtung fast genau gleich aussieht. Eigentlich hätte das Bild dann nur eine Farbe (Sie können sich eine beliebige aussuchen, denn das Bild ist sowieso künstlich gefärbt). Die Temperaturschwankungen, die man in Abbildung 15 sieht, sind nämlich 10 000-mal kleiner als die Durchschnittstemperatur. Grob gesehen ist die Strahlung also wirklich in alle Richtungen gleich. Dies zeigt uns auch auf klare Weise, dass das frühe Universum sich auch in voneinander weit entfernten Regionen praktisch genau gleich ausgedehnt und entwickelt hat.

Der zweite Abzug ist ein sogenannter Dipol. In eine bestimmte Richtung ist die Temperatur nämlich um gut drei Tausendstel Grad wärmer und in die entgegengesetzte Richtung um drei Tausendstel Grad kälter. Dies ist ein Dopplereffekt, verursacht durch die Bewegung der Erde durchs Universum. Doch was sollte man unter Bewegung durchs Universum verstehen, alles ist ja relativ, oder nicht? Was man hier meint, ist die Bewegung in Bezug zur kosmischen Hintergrundstrahlung. Diese bildet nämlich ein Referenzsystem, oben haben wir es auch Ruhesystem genannt. Die Hintergrundstrahlung liefert uns also ein bevorzugtes Referenzsystem, in dem die Ausdehnung des Universums überall (grob gesehen) gleich abläuft. Und dieser kleine Temperaturunterschied von drei Tausendsteln Grad zeigt, dass die Erde sich mit einer Geschwindigkeit von etwa 370 Kilometern pro Sekunde, im Verhältnis zu diesem Ruhesystem, bewegt. Mit dieser Geschwindigkeit fliegen wir durchs All, in eine Richtung, die sich im Sternbild Löwe befindet (dieses Sternbild sieht man im Frühjahr am frühen Abend gut). Das Säuglingsbild des Universums hat uns zum ersten Mal gezeigt, auf welche Weise wir uns durchs Universum bewegen – ganz erstaunlich.

Wenn diese beiden Beiträge abgezogen sind, bleibt das, was wir in Abbildung 15 sehen: ganz kleine Temperaturschwankungen von nicht mehr als etwa einem Zehntausendstel Grad. Wie das Bild (welches eine Karte des Himmels darstellt) zeigt, gibt es solche winzigen Temperaturschwankungen in alle Richtungen. Die Regionen, die ein ganz wenig wärmer sind, sind hier rot eingefärbt und die etwas kälteren blau.

Doch was bedeuten diese Temperaturschwankungen? Sie erinnern sich: Das Universum kühlt ab, wenn es sich ausdehnt. Gibt es jetzt eine Region, die sich ein ganz bisschen schneller ausdehnt, so kühlt sich das Universum dort auch ein bisschen weiter ab. Und umgekehrt: Dehnt sich das Universum in einer Gegend etwas langsamer aus, so bleibt es dort noch ein wenig heißer als nebenan. Aber mit der Ausdehnung ändert sich auch die Dichte der Materie. Dehnt sich das Universum etwas weniger aus, so bleibt die Dichte der Materie dort etwas größer. Sprich, die Temperaturschwankungen zeigen uns, dass es Gegenden im frühen Universum gab, die ein bisschen dichter waren als der Durchschnitt, und andere, die ein klein wenig leerer waren.

Das kommt uns bekannt vor. Wie wir im vorherigen Kapitel beschrieben haben, braucht es genau solche kleinen Dichteschwankungen, damit sich Sterne und später Galaxien bilden. Jetzt sehen wir diese Dichteschwankungen direkt am Himmel – ein großartiges Beispiel dafür, dass wir in die Vergangenheit schauen, in diesem Fall sogar so weit wie möglich. Das bedeutet also, dass die kosmische Hintergrundstrahlung uns gewissermaßen die Samen zeigt, aus denen die ganze Struktur des Universums, also die Verteilung der Galaxien, entstanden ist. Die beiden Abbildungen 15 (Hintergrundstrahlung) und 12 (Verteilung der Galaxien) sind demnach direkt miteinander verbunden – aus 15 wurde im Laufe der Zeit, und unter Einfluss der Gravitationskraft, durch welche die dichteren Regionen in sich zusammenfielen und Galaxien bildeten, das Bild 12. Große Computersimulationen bestätigen dieses Verständnis.

Es ist Zeit für eine Zwischenbilanz. Wir haben nun ein äußerst erfolgreiches Modell – das Urknallmodell – beschrieben, das die Entwicklung des Universums in allen Details von einer sehr frühen Zeit an (weniger als eine Sekunde nach dem Urknall) bis heute umfasst. Das Modell erklärt, wie das Universum sich ausdehnt, wie und in welchen Mengen sich die ersten Atome bilden, wie aus kleinen Temperaturschwankungen Sterne und Galaxien entstehen und wie die umherliegenden Regionen zu großen Leerräumen werden. Klare Beweise hierfür sind (unter vielen anderen) die Rotverschiebung der Galaxien, die Zusammensetzung alter Gaswolken und die kosmische Hintergrundstrahlung. Und dies alles ist auch noch auf der Relativitätstheorie basiert. Es scheint mir, dass dieses Verständnis grundlegend korrekt ist und sich wenig ändern wird. Unzählige kosmologische Beobachtungen sind im Einklang mit dieser Beschreibung. Und doch bleiben da einige Fragen offen. Das Urknallmodell funktioniert fast zu gut – es funktioniert so gut, dass gewisse Aspekte gar nicht so richtig auffallen, auch wenn sie völlig bizarr sind. Diesen Aspekten werden wir uns jetzt widmen.

Enigmata

Das größte Problem mit dem Urknallmodell ist natürlich der Urknall. Hier wird die Dichte unendlich, da der Raum verschwindend klein wird. Auch die Temperatur wird unendlich. Und die Krümmung von Raum und Zeit. Die Expansionsrate? Sie haben sich's gedacht – unendlich. So etwas nennt man (auf Mathematisch) eine Singularität. Aber der Name ist ja auch egal. Unendlichkeit ist ein sinnvolles mathematisches Konzept, aber messen können wir so etwas nicht. Jetzt könnte man sagen, das ist nicht schlimm. Solange wir ausrechnen können, wie das Universum sich nach dem Urknall verhalten hat, müssen wir uns ja nicht kümmern, was bei dieser Singularität passiert ist. Das klappt aber so nicht.

Gäbe es nur eine Art Unendlichkeit, so könnte dieses Argument greifen. Dann wäre die Singularität ja einzigartig definiert. Aber es gibt – wie das eben so ist, wenn die Büchse der Pandora geöffnet wird – unendlich viele Unendlichkeiten. Und nicht nur gibt es unendlich vielen »Größen« der Unendlichkeit (es gibt tatsächlich Unendlichkeiten, die größer als andere Unendlichkeiten sind; Georg Cantor hat dies im 19. Jahrhundert entdeckt und darüber fast den Verstand verloren), aber sogar für eine bestimmte Größe der Unendlichkeit gibt es unendlich viele Weisen, diese zu erreichen. In der Mathematik ist Unendlichkeit interessant. Aber für die Physik ist sie unbrauchbar. Einfach zu behaupten, das Universum hätte mit einer Unendlichkeit begonnen, ist so vage, dass es im Endeffekt nichtssagend ist. Also halten wir mal fest:

Wir möchten eine Beschreibung des Urknalls finden,
bei der keine Unendlichkeit auftaucht.

Es gibt eine weitere Betrachtung, die uns an der Idee einer »Explosion aus einem Punkt heraus« zweifeln lässt. Gehen wir nochmals in der Zeit zurück, von heute bis ganz dicht an den Urknall heran. Das heißt, wir nehmen den Teil des Universums, den wir beobachten können (das Universum könnte sehr viel größer sein, wie oben erklärt – dies würde folgende Überlegung aber nur verstärken), und verfolgen diesen (anhand Einsteins Gleichungen) in der Zeit zurück.

Wäre das Universum aus einem Punkt hervorgegangen, so würde man erwarten, dass nahe am Urknall der Durchmesser des Universums und die Zeit zum Urknall hin sich etwa gleich schnell verringern. Aber es passiert etwas weit Merkwürdigeres. Die Zeit zum Urknall hin schrumpft viel schneller als der Durchmesser des Universums. Vielleicht hilft ein Beispiel. Heute beträgt der Durchmesser des beobachtbaren Universums grob hundert Milliarden Lichtjahre, bei einem Alter von grob zehn Milliarden Jahren. Also vergleichbar große Zahlen. Wir könnten auch sagen: Das Universum ist zehnmal so groß, wie es alt ist. Gehen wir nun in der Zeit zurück zu einem Alter von tausend Sekunden (also etwa eine Viertelstunde), so beträgt der Durchmesser aber nicht annähernd tausend Lichtsekunden, sondern hundert Millionen Mal so viel. Bei einem Alter von einer Tausendstelsekunde ist der Durchmesser hundert Milliarden Mal größer, als man vom Alter her vermuten könnte. Je näher wir in Gedanken an den Urknall zurückgehen, umso größer wird diese Diskrepanz.

Im Urknallmodell schrumpft das Universum dann (mathematisch gesehen) im allerletzten Moment auf Größe null, aber das Argument, das wir gerade beschrieben haben, lässt stark daran zweifeln, dass dies in Wirklichkeit auch passieren kann (beziehungsweise passiert ist). Es sieht eher so aus, als müsste das Universum schon mit einer gewissen Größe geboren worden sein. Oder als müsste doch schon etwas davor gewesen sein.

Und es gibt weitere Rätsel. Wie schon mehrmals erwähnt, wissen wir so viel über das Universum, weil es sich überall auf etwa gleiche Art entwickelt. Aber warum ist dies der Fall? Warum dehnt sich das Universum überall fast gleich schnell aus, und warum gibt es keine Regionen, wo dies deutlich schneller oder langsamer passiert? Warum gibt es dieses Ruhesystem, in dem die kosmische Hintergrundstrahlung überall zum selben Zeitpunkt fast genau dieselbe Temperatur hat? Ja, warum gibt es überhaupt die Möglichkeit, über einen gemeinsamen Zeitpunkt an unterschiedlichen Orten zu sprechen? Das müsste nicht so sein – der Relativitätstheorie zufolge könnten verschiedene Regionen im Universum völlig unterschiedliche Alter haben und sich unabhängig voneinander entwickeln.

Sagen wir es noch mal auf eine andere Art: Warum sind weit entfernte Gegenden, die (wegen der Ausdehnung des Universums) in den letzten 13,8 Milliarden Jahren nicht in Kontakt miteinander waren, sich trotzdem so ähnlich? Warum hat die Hintergrundstrahlung, die aus diesen weit entfernten Regionen zu uns kommt, dieselbe Temperatur? Warum sehen wir in entgegengesetzte Richtungen ähnliche Galaxien, ähnliche Sterne, ähnliche Kollisionen Schwarzer Löcher?

Stellen Sie sich vor, Sie sind am 14. Juli in Frankreich, und um genau 23 Uhr werden überall, wo Sie hinschauen, gleichzeitig Feuerwerksraketen gezündet. Glauben Sie dann, das sei Zufall? Wohl nicht, denn das musste koordiniert worden sein, die Uhren mussten synchronisiert, ein Plan musste ausgetauscht worden sein, es musste ein Kontakt zwischen den verschiedenen Raketenzündorten bestanden haben. Ohne vorherigen Kontakt wäre dieses Spektakel nicht möglich. Doch genau so sieht es im frühen Universum aus: Die Ausdehnung begann überall zum gleichen Zeitpunkt und mit derselben »Geschwindigkeit«. Der Urknall, oder was auch immer am Anfang war, muss ganz ähnliche Startbedingungen für große Teile des Universums geschaffen haben. Und dies mit enormer Präzision, denn man kann zeigen, dass bestimmte, sogar winzige Änderungen in den Anfangsbedingungen durch die Ausdehnung verstärkt werden und später klar beobachtbar wären.

Und die Sache wird noch geheimnisvoller. Die Ausdehnung war ja nicht absolut gleich überall – es gab auch die kleinen Fluktuationen in der Ausdehnung, die wir als Temperaturschwankungen in der Hintergrundstrahlung sehen. Das heißt, irgendein Mechanismus muss es vollbracht haben, die Ausdehnung über große Gegenden *fast* genau gleich zu machen. Es kann demnach nicht so etwas wie eine Symmetrie gewesen sein, denn dann wäre die Ausdehnung überall *exakt* gleich vonstattengegangen. Das hier ist schwieriger.

Erstaunlicherweise wurden aber schon zwei Mechanismen entdeckt, die prinzipiell genau diese »Anfangsbedingungen« hervorbringen können. Wir fangen mal mit dem bekanntesten, der kosmischen Inflation, an und werden später auch den zweiten Mechanismus, der den schönen Namen *ekpyrotische Phase* trägt, erwähnen. Ich muss Sie aber warnen: Ob einer dieser Mechanismen tatsächlich wirkte, ist noch nicht sicher. Es gibt mehrere Beobachtungen, die ganz gut zu den Vorhersagen der kosmischen Inflation passen (und etwas weniger gut zu denen einer ekpyrotischen Phase), aber dies sind gewissermaßen alles immer noch Indizienbeweise, also indirekte Beweise.

Kosmische Inflation

Die Idee der Inflation ist ganz einfach die, die Ausdehnung des Universums auf die absolute Spitze zu treiben. Laut Inflationsmodell gab es eine kurze Phase ultrastarker, extremer, irrsinniger und dazu noch beschleunigter Ausdehnung, noch vor der Strahlungsphase des Universums. Diese inflationäre Phase hätte dann, in einem winzigen Bruchteil einer Sekunde, das Universum enorm aufgeblasen. Für das Alter des Universums wäre eine solche Phase auch gar nicht signifikant, aber für die restlichen Eigenschaften schon sehr.

Nehmen Sie einen kleinen (beliebigen) Teil des Universums am Anfang der Inflationsphase. Die Idee ist dann, dass diese Gegend sich innerhalb deutlich weniger als der Zeit, die Usain Bolt braucht, um eine Haaresbreite voranzukommen, in jede Richtung um das Millionen Milliarden Milliardenfache ausdehnt … Ein Stück Universum, das etwas kleiner als die Größe eines Würfels war, wird im Nu so groß wie unsere Milchstraße.

Was nützt das? Nun, dadurch werden die Bedingungen, die in einem kleinen Teil des Universums herrschen, über eine sehr große Region ausgedehnt – es werden, genau wie man es sich wünscht, über große Regionen hinweg die gleichen »Anfangsbedingungen« geschaffen, außer dass der Anfang der Strahlenphase jetzt nicht den wirklichen Anfang darstellt. Gleich mehr dazu.

Beachten Sie, dass die Inflationsphase nicht unbedingt überall dieselben Bedingungen schafft. Sie streckt lediglich die Bedingungen, die in einer kleinen Region herrschen, auf eine sehr viel größere Region. In sehr weit entfernten Teilen des Universums (die wir nicht beobachten können) könnte demnach das Universum völlig anders aussehen. Aber, falls sie das Universum ausreichend dehnt, könnte eine Inflationsphase tatsächlich erklären, warum das von uns beobachtbare Universum sich in jede Richtung, so weit wir sehen können, ähnlich verhält.

Eine inflationäre Phase kann das frühe Universum über riesige Gebiete homogenisieren.

Wie kann eine solche Phase zustande kommen? Eine solch extreme Ausdehnungsrate braucht auch eine extreme Energiedichte. Denn wie wir schon gesehen haben, ist es die Energiedichte, die die Ausdehnung antreibt. Und um die Ausdehnungsrate über die ganze Inflationsphase hinweg so gewaltig zu halten, muss die

Energiedichte auch während der ganzen Phase entsprechend hoch bleiben. Und dies, obwohl sich das Universum enorm ausdehnt. Anders gesagt: Man braucht genau so etwas wie Dunkle Energie. Die Dunkle Energie ist ja so etwas wie die Energie des leeren Raums – wird das Universum größer, so gibt es einfach mehr davon, und die Dichte bleibt quasi konstant. Nur bräuchten wir für eine inflationäre Phase eine Dunkle Energie mit sehr viel höherer Energiedichte.

Gibt es eine solche Dunkle Energie? Die Antwort lautet: vielleicht. Theoretisch ist sie möglich, wie wir gleich sehen werden. Aber beobachtet wurde sie noch nicht. Daher weiß man auch nicht, ob es tatsächlich eine inflationäre Phase gab. Von der heute bekannten Materie gibt es nur ein Teilchen, das eine inflationäre Phase hätte antreiben können, und das ist das Higgs-Teilchen.

Das Higgs-Teilchen kennen Sie vielleicht vage, weil es erst 2012 nachgewiesen wurde. Davor wusste man, dass es dieses Teilchen theoretisch geben könnte und dass es manche Rätsel der Teilchenphysik lösen könnte, aber erst 2012 wurde es zum ersten Mal am CERN auch beobachtet. Es ist nach dem schottischen Physiker und späteren Nobelpreisträger Peter Higgs benannt. Es wurde auch bekannt, weil es in der Presse oft »das Gottesteilchen« genannt wurde (nach einem Buch mit gleichnamigem Titel von Nobelpreisträger Leon Lederman – der wollte sein Buch eigentlich »Das gottverdammte Teilchen« nennen, weil es so schwierig zu finden war. Aber für den Verleger war dieser Titel wohl zu riskant).

Das Higgs-Teilchen ist schon etwas speziell, es benimmt sich anders als die Teilchen, von denen schon die Rede war. Das Higgs kann nämlich über große Gebiete wirken, nicht so wie ein Elektron oder ein Lichtteilchen (Photon), deren Effekte im Raum stark lokalisiert sind. Dies hat zwei Ursachen: Zum einen können sehr viele Higgs-Teilchen koordiniert agieren, wie ein riesiger Vogelschwarm, der sich über das ganze Universum ausgebreitet hat. Und zum anderen können die Higgs-Teilchen sogenannte Potenzialenergie haben.

Was versteht man darunter? Ein Beispiel: Wenn ich oben auf einer Düne stehe, habe ich Potenzialenergie. Denn ich kann hinunterrutschen, und dabei verwandelt sich diese Potenzialenergie in Bewegungsenergie (plus Hitze, wegen der Reibung – eigentlich ist Hitze aber auch eine Form der Bewegungsenergie, wärmere Sandkörner wackeln mehr als kältere). Die Potenzialenergie ist also eine Art aufgestaute Energie, die man bei Bedarf nutzen kann. Das Higgs-Teilchen hat auch eine solche Potenzialenergie. Nun ist es zusätzlich so, dass diese Potenzialenergie auch zur Energiedichte beiträgt. Das heißt, wenn das Higgs oben auf seiner »Düne« steht, treibt es auch noch die Ausdehnung des Universums an. Und je höher das Higgs sich auf dieser metaphorischen Düne befindet, umso höher ist die Ausdehnungsrate.

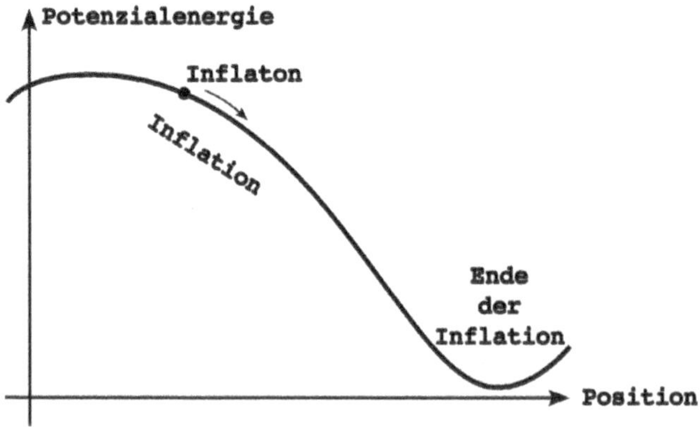

Skizze 6 So ungefähr muss die Potenzialenergie des Inflatonteilchens aussehen, damit eine Inflationsphase stattfindet.

Durch Experimente wissen wir, dass die Potenzialenergie des Higgs heutzutage gering ist (theoretisch ist es möglich, dass diese die Dunkle Energie wäre). Sprich, das Higgs-Teilchen muss sich heute eher im Tal als oben auf der Düne befinden. Aber im Laufe der Entwicklung des Universums konnte sich die Potenzialenergie durchaus ändern. Es ist also möglich, dass sich das Higgs im sehr frühen Universum hoch auf dieser Düne befand und auf diese Art eine Inflationsphase antrieb. Danach wäre es heruntergerutscht, die Inflationsphase wäre zu Ende gegangen, und die »normale« Entwicklung, so wie wir sie im Urknallmodell beschrieben hatten, wäre gefolgt. Das ist die Idee.

Damit kein Missverständnis entsteht: die Potenzialenergie des Higgs-Teilchens ist eine Eigenschaft, die das Higgs-Teilchen hat, auch ohne irgendwelchen Kräften ausgesetzt zu sein. Woher diese Energie kommt, ist noch nicht bekannt. (Das Beispiel mit der Düne ist nur eine Veranschaulichung dieser aufgestauten Energie.) Neueste Theorien der Physik, wie zum Beispiel die Stringtheorie, nennen viele unterschiedliche Effekte, die zur Potenzialenergie des Higgs beitragen können. Es scheint also durchaus möglich zu sein, dass wir die präzise Form der Potenzialenergie eines Tages verstehen werden, aber so weit sind wir noch nicht.

Muss es das Higgs gewesen sein? Nicht unbedingt. Es ist problemlos denkbar, dass es weitere Higgs-artige Teilchen gibt, die genauso gut eine Inflationsphase antreiben könnten. In der Stringtheorie gibt es zahlreiche solche Teilchen, die infrage kämen. Aus dieser Ursache nennt man das entsprechende Teilchen üblicherweise das *Inflaton*, egal ob es sich jetzt um das Higgs-Teilchen oder ein ähnliches handelt. Ab jetzt werde ich es auch so nennen.

Gehen wir nun davon aus, dass es ein entsprechendes Inflaton gibt, welches eine inflationäre Phase antreiben kann. Dann stellt sich die Frage: Wie hört diese enorme Ausdehnung wieder auf? Man möchte auch nicht zu viel des Guten haben. Hier hilft wieder die Dünenanalogie. Solange das Inflaton sich hoch oben auf der Düne befindet, ist die Energiedichte auch hoch, und das Universum expandiert schnell. Das Inflaton rutscht aber nach einiger Zeit die Düne hinunter – das heißt, die Energiedichte nimmt ab, und die Ausdehnung verlangsamt sich. Wenn das Inflaton unten im Tal ankommt, passiert noch etwas Erstaunliches: Jetzt kann das Inflaton sich in andere Teilchen verwandeln, ein bisschen so, wie wir das bei der Primordialen Nukleosynthese beschrieben haben. Gewissermaßen wird die ganze Potenzialenergie, die die enorme Ausdehnung antrieb, jetzt in Materie umgewandelt. Auf diese Art ist es möglich, dass alle bekannte Materie im Universum in diesem Moment, ganz am Ende der Inflationsphase, entstanden ist. Dabei erhalten die leichten neugeborenen Teilchen viel Bewegungsenergie, und das Universum erwärmt sich. So entsteht ein heißes, dichtes, sich expandierendes Universum – genau wie wir es fürs Urknallmodell brauchen (außer dass der Urknall selbst immer noch nicht erklärt ist). Eine Inflationsphase kann demnach genau den Zustand hervorbringen, der im Urknallmodell als Konsequenz des Urknalls selbst angesehen wird.

Eine Präzisierung: Falls es am Anfang der Inflationsphase schon Materie gab, so wurde sie durch die enorme Ausdehnung so verdünnt, dass sie gar keine Rolle mehr spielte. Es ist aber auch möglich, dass es am Anfang der Inflationsphase überhaupt keine Materie gab, nur das Inflaton. Alle Materie wäre dann am Ende der Inflationsphase entstanden, und davor wäre das Universum leer gewesen. Die Inflationsphase könnte also nicht nur erklären, warum das Universum über große Regionen hinweg so ähnlich ist, sondern auch den Ursprung aller Materie darstellen. Ganz klar: Diese Theorie hat Potenzial. Aber noch bleiben einige Fragen offen.

Warum musste die Ausdehnungsrate so extrem sein? Hätte man nicht auch eine etwas gemütlichere Inflationsphase haben können, die dann aber etwas länger gedauert hätte? Dann hätte man dieselbe Streckung der »Anfangsbedingungen« erreichen können. Das stimmt schon, aber wenn die Inflationsenergie zu klein ist, so wird die Materie zum Schluss der Inflationsphase nicht genügend erwärmt, und wir bekommen nicht den ersehnten heißen »Urknall«. Den brauchen wir aber für die Primordiale Nukleosynthese (also für das Entstehen der ersten Atome).

Und was hat die Inflationsphase ausgelöst? Was war davor? Warum stand das Inflaton am Anfang oben auf seiner Düne und nicht weiter unten? Und warum stand es überall gleich hoch? Haben wir einfach nur ein Rätsel durch ein anderes ersetzt, ohne dabei wirklich etwas dazuzulernen? Und woher kommen die Temperaturschwankungen, die wir in der kosmischen Hintergrundstrahlung sehen und die es daher schon früh im Universum gegeben haben muss? Das ist, wie wir sehen werden, der springende Punkt. Aber um diesen zu verstehen, benötigen wir einen kleinen Exkurs in die Quantentheorie.

Bevor wir uns aber mit diesem zentralen Thema beschäftigen, möchte ich noch kurz eine Alternative zur Inflation beschreiben – die ekpyrotische Phase. Der Name stammt von altgriechischen Philosophen, den Stoikern, die ein Weltbild entwickelt hatten, in dem die Welt periodisch verbrennt und aus der Asche ein neues Weltall entsteht. *Ek pyros* heißt »aus dem Feuer«. Eine ekpyrotische Phase ist demnach auch eng mit einem zyklischen Weltbild verknüpft.

Die Grundidee ist die, dass das Universum sich in einer ekpyrotischen Phase zusammenzieht. Wenn dies unter hohem Druck geschieht, so hat es den Effekt, die Bedingungen (wie Ausdehnungsrate, Temperatur usw.) auch über große Regionen zu homogenisieren, ein bisschen wie ein Bügeleisen, das unter hohem Druck die Falten aus dem Tischtuch bügelt.

Danach braucht es einen Umschwung, einen sogenannten Rückprall, damit das Universum wieder anfängt, sich auszudehnen. Bei diesem Umschwung entsteht die Materie, und die wird durch die Energie der ekpyrotischen Phase aufgewärmt. In weiter Zukunft kann das Universum sich dann wieder zusammenziehen (siehe viertes Kapitel), und ein neuer Zyklus beginnt. Was wir derzeit als Urknall verstehen, wäre also eher der Umschwung vom Zusammenziehen zum Ausdehnen. Und es würde solche Urknalle periodisch geben.

Sie sehen, das ist ein völlig anderes kosmologisches Modell, aber es könnte genauso gut den heißen, dichten Zustand des »frühen« Universums erklären. Dass dieses Modell weniger Gefallen bei den meisten Kosmologen findet, hat zwei Ursachen. Die erste ist die, dass es sich als sehr schwierig (und vielleicht sogar unmöglich) erweist, einen stabilen kosmischen Rückprall zu modellieren. Und die zweite hat mit den Temperaturschwankungen der Hintergrundstrahlung zu tun. Auch hierfür brauchen wir ein tieferes Verständnis der Quantentheorie. Es ist jetzt also unausweichlich, dass wir uns diesem Thema widmen.

Unsere Vorfahren waren Quanten

Wir leben in der Zeit der Quanten. Die Quantentheorie ist zwar schon hundert Jahre alt, aber ihre praktischen Anwendungen sind erst in den letzten Jahren so richtig zahlreich geworden. Laser, Chips in Smartphones, Rechnern und natürlich in den Datenzentren basieren alle auf Quanteneffekten. Sichere Kommunikation zwischen Banken, medizinische Diagnostikmethoden wie MRT oder neuartige Rechenmethoden in Quantencomputern tun das ebenso und werden stetig verbessert.

Relativitätstheorie und Quantentheorie stellen das Fundament unseres Wissens über die Naturgesetze dar. Sie sind die Basis, auf der der ganze Rest aufbaut. Es kann also ohnehin nicht schaden, ein bisschen Quantentheorie zu lernen. Dazu kommt, dass sie im frühen Universum wahrscheinlich eine entscheidende Rolle gespielt hat. Ich muss Sie aber auch gleich warnen: Die Quantentheorie ist nämlich bekannt dafür, auf den ersten Blick etwas seltsam zu erscheinen. Aber seien Sie unbesorgt: Auf den zweiten Blick bleibt sie genauso seltsam, ja auch auf den hundertsten Blick bleibt die Theorie verwirrend und völlig klar zugleich! Was soll ich sagen? Sie werden sehen.

Quanten

Wir fangen mit einem ganz einfachen Experiment an, wieder mit einer Taschenlampe: Eine Freundin leuchtet mit dieser auf Sie. Resultat: Sie sehen Licht. Nun dimmt Ihre Freundin die Taschenlampe. Das Licht wird schwächer. Aber lassen Sie uns etwas präziser sein: Ihre Freundin reduziert die Stromstärke der Taschenlampe, und die Intensität des Lichts nimmt dadurch ab; sonst ändert sich nichts, die Farbe bleibt beispielsweise gleich. Die Frage ist: Was passiert, wenn die Lampe immer weiter gedimmt wird? Nimmt die Intensität des Lichts dann zusehends ab? Kann sie beliebig klein werden?

Das Erstaunliche ist: Bei sehr niedriger Stromstärke kommt das Licht auf einmal nicht mehr ständig bei Ihnen an. Es kommt nur noch in »Paketen« an. Diese haben aber immer die gleiche Intensität, nur ist es so, dass die Pakete einfach weniger oft ankommen, wenn das Licht weiter gedimmt wird. Jedes Paket bleibt aber gleich hell. Ein solches Paket nennt man ein Quantum Licht oder auch *Photon*. Ein Photon ist die kleinstmögliche Menge Licht.

Man muss sich die Taschenlampe wohl eher wie ein Maschinengewehr vorstellen (bitte entschuldigen Sie die martialische Analogie, aber sie ist nun mal treffend), bei dem die Kugeln durch Lichtteilchen ersetzt werden. Bei großer Intensität schießt das »Lichtgewehr« ständig, und das wirkt auf uns wie kontinuierliches Licht. Es kommen so viele Kugeln/Lichtpakete an, dass wir diese nicht einzeln ausmachen können. Bei geringer Intensität schießt das Lichtgewehr weniger oft, aber wenn es dies tut, so fliegen immer ganze Kugeln heraus und keine halben. Das heißt, es kommen nicht auf einmal Teile von Photonen heraus, sondern immer nur ganze Photonen, bei geringer Intensität einfach weniger oft. Leider ist unser Auge nicht ausreichend sensibel, um einzelne Photonen ausmachen zu können, sonst wäre uns dieses Phänomen bekannt. (Einige Froscharten haben derart empfindliche Augen, dass sie dies wohl können. Falls Sie also als Frosch wiedergeboren werden sollten, wird Ihnen diese Diskussion selbstverständlich erscheinen.)

Die Taschenlampe kann uns sogar noch weitere Aspekte der Natur enthüllen. Haben Sie sich auch schon mal gefragt, wo all dieses Licht herkommt? Es ist ja nicht so, dass wir die Taschenlampe mit Lichtkanistern füllen – oder dass das Licht auf einmal aufgebraucht ist. Das Einzige, was wir regelmäßig ersetzen müssen, ist die Batterie, die den Strom liefert. Irgendwie muss aus diesem Strom also Licht werden. Hier sehen wir ein konkretes Beispiel, wie sich Energie umwandeln kann. Die Glühbirne funktioniert so: Der Strom besteht aus Elektronen, die durch das Stromkabel wandern. Fließt der Strom, so bedeutet das eigentlich, dass Elektronen sich bewegen. Dabei kollidieren sie mit den Atomen des Kabels. Die Kollisionen führen dazu, dass die Atome im Kabel stärker vibrieren – sprich, das Kabel erhitzt sich. Die rüttelnden und schwingenden Atome im Kabel können ihren Überschuss an Energie aber auch wieder loswerden, und zwar dadurch, dass sie Energie in Form von Lichtteilchen ausstoßen. Daher fängt der Draht in der Birne auch an zu glühen. So wird der Strom in Licht umgewandelt – besser gesagt, die Bewegungsenergie der Elektronen wird zuerst in Vibrationsenergie umgewandelt und diese wiederum in Lichtteilchen. Vorher gab es diese Lichtteilchen nicht; sie sind einfach entstanden!

Und noch eine Sache: Diese Lichtteilchen werden nur dadurch charakterisiert, wie viel Energie sie haben und in welche Richtung sie fliegen. Davon abgesehen sind sie völlig austauschbar. Sie haben keine Individualität – es gibt kein Lichtteilchen namens Taylor, Ed oder Billie. Egal wie präzise man hinschauen würde, man würde keine weiteren Eigenschaften entdecken (außer noch Spin, eine interne Drehungsenergie, die viele andere Teilchen auch besitzen und die wir bald beschreiben werden). Und genauso, wie Lichtteilchen aus Umwandlung irgendeiner Art Energie entstehen können, können sie auch wieder verschwinden. Ganz verschwinden tun sie natürlich nicht: Ihre Energie bleibt erhalten, sei es in Form von Bewegungsenergie eines anderen Teilchens oder dadurch, dass sich Lichtteilchen direkt in andere Teilchen verwandeln. Es ist die Eigenschaft, keine individuellen Eigenschaften zu besitzen, die solche Umwandlungen ermöglicht.

Eines sollte jetzt schon klar geworden sein: Die obige Beschreibung trifft nicht nur auf Licht zu, sondern auch auf alle andere Materie. Elektronen kann man nicht zerteilen, sie kommen auch immer nur einzeln und ganz an, niemals halb oder in kleinen Stücken. Freilich haben Elektronen noch die zusätzliche Eigenschaft, dass sie elektrisch geladen sind. Aber auch hier kommen die Quanten zum Vorschein: Die elektrische Ladung aller Elektronen ist exakt gleich. Es ist immer dieselbe Ladung, egal ob dieses Elektron sich in Ihren Haaren, in einem Baum oder auf dem Meeresboden befindet. Oder ob es auf dem Mond wohnt.

Die *Elementarteilchen*, wie man die Bausteine der Natur nennt, sind demnach einfache Wesen, welche man anhand ein paar Zahlen beschreiben kann: mit ihren Ladungen (elektrische wie auch nukleare Ladungen), ihrem Spin (Drehenergie) und ihrer Masse. Und das war's. Einigen solchen Teilchen sind wir schon begegnet: Photonen, Elektronen und dem Higgs-Teilchen. Dazu gibt es noch Quarks, aus denen Protonen und Neutronen bestehen. Und es gibt noch ein paar wenige zusätzliche, die für uns jetzt nicht wichtig sind. Alle diese Teilchen haben die Eigenschaft, dass man sie nicht in Teile schneiden kann, dass sie keine Individualität besitzen und dass sie sich umwandeln können, solange insgesamt die Energie und die Ladungen erhalten bleiben.

Doch damit hört die Besonderheit der Quantentheorie noch lange nicht auf. Um diese Besonderheit darzulegen, haben Physiker sich verschiedene Experimente ausgedacht. Auf den ersten Blick werden viele sich wohl fragen, warum man denn so etwas überhaupt versucht und was das bringt. Hier sollte man bedenken, dass diese Experimente eventuell komisch erscheinen, weil sie so konzipiert sind, dass sie nur einen ganz bestimmten Aspekt der Natur hervorbringen sollen. Und das ist nicht so einfach – meistens besteht der Alltag aus einer riesigen Mischung aller möglichen Effekte. Eine komplette Beschreibung der Landung einer mit Nutella beschmierten Brotscheibe auf der Hose wäre Wahnsinn: Nicht nur müsste man die Bestandteile der Schokoladenbutter, des Brotes und der Hose beschreiben, sondern auch die elektrischen Kräfte zwischen den einzelnen Atomen, die Zusammensetzung der Luft, durch die die Scheibe fliegt, die Einwirkung der Schwerkraft usw. Im Groben würde man es hinkriegen, aber im Detail nicht. Denn die Anzahl der beteiligten Atome beläuft sich hier auf etwa eine 1 mit 26 Nullen …

Wir sind aber tatsächlich an den Details interessiert. Das bedeutet, dass wir die Größe des Experiments drastisch verkleinern müssen. Denn wir möchten zuerst verstehen, wie ein einzelnes Quantum sich verhält (sagen wir ein Elektron), bevor wir uns größeren Systemen (und ultimativ dem ganzen Universum) zuwenden.

Kommen wir also zu zwei weiteren Experimenten, welche die Quantentheorie besonders gut illustrieren. Wenn Sie diese beiden Experimente verstehen (oder sagen wir vielleicht lieber akzeptieren), dann haben Sie die Quantentheorie verinnerlicht. Die nächsten paar Seiten sind aber wohl die schwierigsten dieses Buches.

Legen wir einfach mal los. Nehmen wir an, wir haben ein Gerät, das Elektronen aussenden kann. Also ähnlich wie die Taschenlampe oben, aber nicht für Licht, sondern für Elektronen. Das Experiment würde auch mit Photonen (Lichtteilchen) funktionieren und sogar genauso gut mit allen anderen kleinen Teilchen. Ich persönlich finde, dass das Resultat des Experiments aber noch frappierender erscheint, wenn man Elektronen dafür nutzt. Und vielleicht ist es auch etwas einfacher für die Vorstellung, da Elektronen Masse haben und daher nicht mit Lichtgeschwindigkeit rumrennen, sondern viel langsamer unterwegs sind. Zudem sind die Elektronen elektrisch geladen, sodass man sie zum Beispiel anhand von Magneten gut steuern kann. Wie dem auch sei, wir nehmen einfach an, dass wir eine Vorrichtung haben, die zu einem gewünschten Zeitpunkt Elektronen losschicken kann, entweder ganz viele miteinander oder auch einzelne, je nachdem, was wir vorhaben. Wir haben auch eine Leinwand, die wie eine Kamera funktioniert: Jedes Mal, wenn ein Elektron ankommt, erzeugt es auf dieser Leinwand einen kleinen schwarzen Fleck. Wir können also messen bzw. sehen, wo die Elektronen ankommen.

Wenn das alles wäre, wäre es wohl nicht so spannend. Daher richten wir zwischen der Elektronenkanone und der Leinwand noch eine Trennwand auf. In diese Trennwand schneiden wir einen dünnen, vertikalen Spalt, also einen Spalt, der deutlich höher als breit ist. Und wir lassen die Elektronen losfliegen. Die Frage ist: Was sehen wir auf der Leinwand? Das Resultat ist nicht weiter erstaunlich: Direkt hinter dem Spalt (also entlang der Achse Kanone–Spalt) kommen viele Elektronen auf der Leinwand an. Je weiter man sich von dieser Achse entfernt, desto weniger Elektronen kommen an.

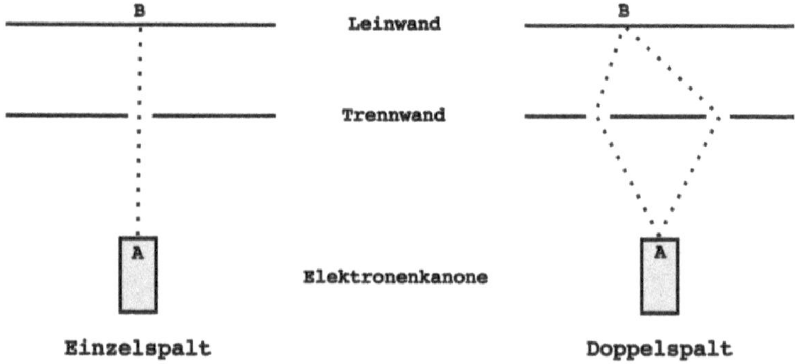

Skizze 7 Das Doppelspaltexperiment.

Das ist alles intuitiv klar und eigentlich genauso wie bei großen Objekten: Stellen Sie sich zum Vergleich einen mittelalterlichen Ritter vor, der auf seiner Burg Pfeile durch eine Scharte schießt. Der Ritter ist gut trainiert, und seine Pfeile fliegen immer mit gleicher Schnelligkeit los. Nur sind wir uns nicht so sicher, ob er auch gut zielen kann. Was kommt bei diesem Experiment heraus? Die meisten Pfeile landen direkt hinter der Scharte, also in der Achse Ritter–Scharte, und je weiter man von dieser gedachten Linie entfernt ist, desto weniger groß ist das Risiko, getroffen zu werden. Die Scharte erfüllt gewissermaßen einen doppelten Zweck: Sie schützt den Ritter vor nahenden Geschossen, und zugleich schränkt sie die Richtung ein, in welche die Pfeile des Ritters fliegen können.

Bleiben wir noch einen kurzen Moment bei unserem Ritter. Doch jetzt stellen wir ihn vor zwei Scharten, die sich direkt nebeneinander befinden, und lassen den Ritter wieder fleißig Pfeile schießen. Da der Ritter dann doch nicht so fantastisch zielen kann, wie es nötig wäre, prallen viele Pfeile an der Burgmauer ab. Aber das macht nichts, es kommen auch noch viele durch. Was können wir beobachten? Diesmal gibt es zwei Orte, an denen viele Pfeile ankommen, nämlich die zwei Stellen in direkter Linie hinter den beiden Scharten, also jeweils in den beiden Achsen Ritter–Scharte. Und wiederum ist es so, dass man deutlich sicherer verweilt, wenn man sich von diesen beiden Stellen entfernt.

Doch warum diese aufwendige Beschreibung? Was mit den Pfeilen passiert, ist ja recht banal. Aber der Clou kommt – wie Sie es sich vielleicht schon denken –, wenn wir dieses Experiment jetzt mit Elektronen wiederholen. Wir schneiden also nun zwei vertikale Spalte nebeneinander in die Trennwand und lassen die Elektronen wiederum fliegen. Jedes Mal, wenn ein Elektron auf der Leinwand ankommt, hinterlässt es einen kleinen, schwarzen Fleck. Welches Muster werden wir wohl sehen? Die Analogie mit den Pfeilen lässt uns erraten, dass es zwei Bereiche geben sollte, direkt in den Achsen der beiden Spalten, in denen sehr viele schwarze Flecken auftauchen sollten. Und abgelegen von diesen zwei Gegenden erwarten wir wenige oder gar keine Flecken.

Doch das ist nicht das, was passiert! Sehen Sie sich Abbildung 16 an, in der das tatsächliche Resultat genau dieses Experiments gezeigt wird. Die schwarzen Flecken verteilen sich in Streifen! Und es gibt auch nicht nur zwei Streifen, sondern eine ganze Menge, in regelmäßigen Abständen. (Weiter weg nimmt die Zahl der schwarzen Flecken schon ab, aber das Streifenmuster bleibt trotzdem noch erkennbar.) Wie ist das möglich? Wie können wir das verstehen?

Überraschenderweise waren Physiker, historisch gesehen, nicht gleich von diesem Resultat schockiert. Das kommt daher, dass das Doppelspaltexperiment, wie es üblicherweise genannt wird, zuerst mit Licht durchgeführt wurde (von Thomas Young im Jahr 1801) und man damals die Intensität des Lichts noch nicht so präzise kontrollieren konnte. Young wollte anhand dieses Experiments zeigen, dass Licht sich wie Wellen verhält. Diese Annahme, also dass Licht sich wie Wellen verhält, liefert auch tatsächlich eine (scheinbar) schlüssige Erklärung. Zuerst erläutere ich Ihnen die Erklärung – und dann das Problem damit.

Wellen sind uns am ehesten vom Wasser her bekannt. Werfen Sie einen Stein in einen Teich, so bilden sich Wellen: Das Wasser bewegt sich abwechselnd nach oben, dann wieder nach unten, wieder nach oben usw. Stellen Sie sich jetzt einen glatten Teich vor, in den Sie zwei Steine gleichzeitig werfen. Von beiden Steinen aus entstehen nun Wellen. Wenn diese Wellen aufeinandertreffen, passiert Folgendes: An manchen Orten kommt es vor, dass sich die Welle von Stein 1 gerade oben befindet, und die von Stein 2 ebenso. Dann verstärken sich die beiden Wellen, und die Wasseroberfläche ist an diesem Ort noch weiter erhöht. Es kann aber auch vorkommen, an einem anderen Ort und/oder zu einem anderen Zeitpunkt, dass Welle 1 sich in dem Moment unten befindet, in dem Welle 2 oben steht. In diesem Fall gleichen sich die Wellen gegenseitig aus, und die Wasseroberfläche bleibt unverändert – anders gesagt: Das Wasser hat an diesem Ort denselben Stand, als wären gar keine Wellen da. Wenn Sie das Ganze jetzt entlang einer Linie beobachten, werden Sie feststellen, dass die Orte, wo sich die Wellen verstärken, mit denen, wo sie sich ausgleichen, abwechseln. Sehen Sie sich gerne auch Skizze 8 an.

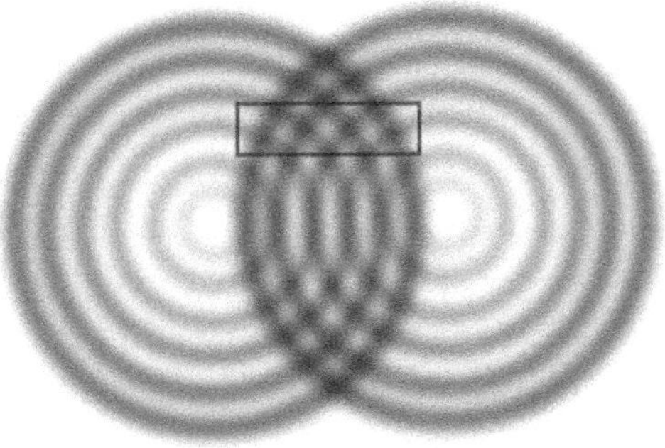

Skizze 8 Die Interferenzen zweier Wellen. Dunkle Linien zeigen an, wo die Welle sich gerade oben befindet, und helle Linien, wo sie unten ist. Treffen die Wellen aufeinander, so können sie sich verstärken oder ausgleichen.

Bei Youngs Experiment wurde dies so interpretiert: Die Lichtwellen fliegen durch die beiden Spalte und breiten sich von dort weiter aus; die Spalte spielen die Rolle der Stellen, an denen die Steine ins Wasser fallen. Wenn die Lichtwellen sich treffen, können sie sich verstärken oder aber ausgleichen. Daher gibt es dann abwechselnd helle und dunkle Streifen. Somit ist das Resultat des Experiments erklärt, unter der Annahme, dass das Licht sich wie Wellen verhält. (Übrigens können Sie dieses Experiment ziemlich leicht zu Hause durchführen. Sie brauchen lediglich einen Laserpointer, wie er bei Präsentationen oft benutzt wird, den Sie auf ein Blatt Papier aus etwa fünfzehn Zentimetern Entfernung leuchten lassen. Und Sie brauchen ein Haar. Wenn Sie das Haar direkt vor die Linse des Laserpointers kleben, entstehen neben dem zentralen hellen Punkt zahlreiche Streifen, abwechselnd heller und dunkler … Der zentrale helle Punkt bleibt, weil die Spalte in diesem Fall so groß sind; sie sind ja nur durch das Haar getrennt. Sie können es übrigens auch mit einem Faden oder dünnen Kabel versuchen.)

Jetzt kommen wir zum Argument, warum diese Erklärung mithilfe von Wellen nicht standhält. Wenn man an das Experiment mit Elektronen denkt, die man sich ja eher als Teilchen und nicht als Wellen vorstellt, so wird man schon ein bisschen skeptisch. Zeigt das Experiment mit Elektronen denn nun einfach, dass Elektronen eigentlich doch Wellen sind? Oder ist es vielleicht so, dass die Elektronen, die durch Spalt 1 fliegen, die Elektronen aus Spalt 2 sowohl verstärken als auch ausgleichen können? Also, ist das Resultat eine Konsequenz davon, dass viele Elektronen durch die Spalte fliegen und sich gegenseitig beeinflussen? In dem Fall würde man dann auch sagen können, dass das Licht aus sehr vielen Lichtteilchen/Photonen besteht und dass die sich kollektiv wie eine Welle benehmen.

Um sicherzugehen, können wir einfach die Intensität der Elektronenkanone reduzieren, wie beim Dimmen der Taschenlampe. Wir können die Intensität sogar so stark reduzieren, dass immer nur ein einzelnes Elektron losgeschickt wird und das folgende erst, nachdem das vorherige schon einen schwarzen Fleck auf der Leinwand hinterlassen hat. So sind wir sicher, dass sich zu jedem Zeitpunkt immer nur ein Elektron in der ganzen Vorrichtung befindet. Falls die Streifen (die man auch Interferenzstreifen nennt) eine Konsequenz der Wechselwirkung zwischen Elektronen sind, müssten sie jetzt verschwinden. Das tun sie aber nicht! Lässt man die Elektronen einzeln durch die Vorrichtung fliegen und wartet geduldig ab, so entsteht nach und nach wieder das Interferenzmuster mit Streifen, so wie es in Abbildung 16 zu sehen ist.

Sprich: Ein einzelnes Elektron verhält sich so, als ob es mit einem anderen Elektron, welches durch den anderen Spalt geflogen ist, interagiert hätte, obwohl kein anderes da war.

Ein einzelnes Elektron verhält sich so, als ob es gleichzeitig durch beide Spalte geflogen wäre.

Kommen wir kurz zurück zu Youngs Variante mit dem Licht. Heutzutage kann man die Intensität des Lichts so präzise vermindern, dass die Photonen einzeln durch die Vorrichtung fliegen. Und wiederum bildet sich nach und nach das Streifenmuster. Das heißt, ein einzelnes Photon verhält sich auch so, als ob es durch beide Spalte gleichzeitig geflogen wäre. Hier funktioniert Youngs Wellenerklärung nicht mehr (fairerweise sollte man bedenken, dass es zu seiner Zeit nicht möglich war, dieses Experiment mit einzelnen Teilchen durchzuführen – ja, es war nicht einmal bekannt, dass es solche Teilchen gibt. Auch können Sie diese Variante des Experiments leider nicht mit herkömmlichen Laserpointern zu Hause wiederholen, denn die kann man nicht entsprechend dimmen).

Könnte es sein, dass die Teilchen sich aufteilen und wieder kombinieren können? Also, dass aus einem Elektron zwei werden, die dann durch beide Spalte fliegen und nachher aufeinander einwirken, um das Streifenmuster zu erzeugen? Um dies zu überprüfen, kann man Detektoren an den Spalten anbringen, die messen, ob ein Elektron vorbeigeflogen ist. Tut man dies, beobachtet man, dass immer nur ein Detektor ein Teilchen findet. Es fliegt immer nur ein Elektron durch einen einzigen Spalt, und nie zwei gleichzeitig. Was noch dazukommt: Wenn man misst, durch welchen Spalt das Elektron geflogen ist, dann bildet sich auf Dauer *kein* Interferenzmuster! Wenn wir also wissen, durch welchen Spalt das Elektron geflogen ist, oder wenn wir einfach nur wissen, dass das Elektron durch einen Spalt geflogen ist, verschwindet die Interferenz. Nur wenn wir nicht hinschauen, verhält das Elektron sich so, als ob es durch beide Spalte geflogen wäre! Das ist für unsere übliche Intuition schwer greifbar.

Wir können diese Beobachtungen noch ein wenig vertiefen.

Das Interferenzmuster zeigt uns, dass es Stellen gibt, an denen viele Elektronen ankommen, und dazwischen Streifen, wo nur wenige ankommen. Genau in der Mitte zwischen den Stellen, an denen die meisten ankommen, kommen sogar gar keine Elektronen an. (Im Wellenbild von vorhin entspricht das der Stelle, an der die Wasseroberfläche denselben Stand hat, als wären gar keine Wellen da.) Gehen wir jetzt nochmals einen Schritt zurück und schließen den zweiten Spalt. Es gibt also jetzt nur einen Spalt, und durch diesen lassen wir die Elektronen fliegen. Sie kommen dann in größter Zahl in der Achse Elektronenkanone-Spalt auf der Leinwand an. Entfernt man sich seitlich von dieser Achse, so kommen weniger Elektronen an. Aber es kommen immer noch welche an. Wartet man lange genug, kommen überall Elektronen an. Jetzt öffnen wir den zweiten Spalt wieder - nun entsteht das Interferenzmuster, in dem es, wie wir eben diskutiert haben, Stellen gibt, an denen gar keine Elektronen ankommen. Dadurch, dass wir einen zweiten Spalt in der Trennwand *öffnen*, gibt es also nun Orte, an denen *keine* Elektronen mehr ankommen! Wahnsinn.

Hier sollten Sie eine kurze Pause einlegen. Denn ich möchte, dass Sie einsickern lassen, dass das, was ich eben beschrieben habe, nicht irgendeine Theorie oder Spekulation ist, sondern ein wahrhaftiges Experiment, das in jedem gut eingerichteten Physiklabor durchgeführt werden kann. Mit anderen Worten: So ist die Natur. So verhalten sich die Teilchen, aus denen auch wir bestehen. Die Quantentheorie, die wir gleich diskutieren, liefert eine (mathematische) Beschreibung dieser Phänomene. Aber das Experiment ist einfach das Experiment. Daran können wir nichts ändern. Falls wir die Natur verstehen möchten, müssen wir dieses Experiment verstehen. Und wir müssen auch verstehen, warum dies bei ganz großen Objekten, wie bei den Pfeilen des Ritters, anders ist. Wir müssen also auch verstehen, warum wir solche Interferenzeffekte nicht in unserem Alltag sehen, obwohl die Alltagsobjekte aus genau diesen Elementarteilchen bestehen.

Ich will Ihnen jetzt erzählen, wie dieses Experiment in der Quantentheorie erklärt wird. Dabei werden die Konzepte von Welle und Teilchen nicht aufgegeben, sondern eher neu organisiert. Man könnte sagen, sie verschmelzen miteinander.

In der Quantentheorie kann man nicht mit Sicherheit ausrechnen, wo ein Elektron sich zu einem bestimmten Zeitpunkt befinden wird, sondern nur die Wahrscheinlichkeit hierfür ermitteln. Warum das so ist, wird das zweite Experiment, zu dem wir gleich kommen, veranschaulichen. Wir möchten also die Wahrscheinlichkeit kennen, mit welcher ein Elektron vom Ausgangspunkt A (also von der Elektronenkanone) zum Punkt B auf der Leinwand kommt.

Das Konzept der Welle bleibt, wie gesagt, bestehen, aber es wird gewissermaßen zur Rechenhilfe zurückgestuft. Stellen Sie sich nun einen Weg von A nach B vor, also von der Elektronenkanone durch einen Spalt hindurch bis hin zur Leinwand. Entlang dieses Weges rechnen wir eine »Wahrscheinlichkeitswelle«, wie wir sie nennen können, aus. Ich nenne sie so, weil diese (nur rechnerisch existierende) Welle dazu genutzt wird, die Wahrscheinlichkeit der Ankunft am Punkt B auszurechnen. Das heißt, man stellt sich eine Welle vor, die sich entlang des Weges von A nach B mal erhebt, mal wieder sinkt und wieder hebt und wieder sinkt. Wie schnell die Welle so oszilliert, hängt davon ab, um welches Teilchen es sich handelt, also welche Ladungen und Masse es charakterisieren. Wenn man bei B angelangt ist, hat die Welle demnach einen spezifischen Stand, sagen wir, die Welle befindet sich gerade unten.

Jetzt wiederholen wir diese Rechnung für einen anderen Weg, der auch bei A anfängt und bei B endet. Dieser Weg schlägt diesmal einen kleinen Bogen zwischen der Elektronenkanone und dem Spalt ein, bevor er sich in gerader Linie zu Punkt B entfaltet. Auch entlang dieses Weges errechnen wir den Stand der Wahrscheinlichkeitswelle. Wir tun dies nun für *alle* möglichen Wege, die das Elektron von A nach B einschlagen kann. Und dann rechnen wir alle die am Endpunkt B erhaltenen Wahrscheinlichkeitswellen zusammen. Dabei ist es so, dass ein Wellenstand oben und ein Wellenstand unten sich ausgleichen, also null ergeben. Die Summe all dieser Wellen ergibt dann den endgültigen Wellenstand. Man nennt diesen die *Wellenfunktion.* Und diese Wellenfunktion sagt uns, wie wahrscheinlich es ist, dass das Elektron von A nach B kommt! Ist die endgültige Wellenhöhe zum Beispiel groß, so ergibt sich eine hohe Wahrscheinlichkeit, dass das Elektron am Punkt B ankommt.

Laut Quantenmechanik tragen zur Wahrscheinlichkeit, von A nach B zu kommen, alle möglichen Wege bei.

Wie Sie sich vielleicht vorstellen können, sind solche Rechnungen recht aufwendig. Man muss ja, im Prinzip, diese gedachte Welle für alle möglichen Wege des Elektrons ausrechnen und dies dann für alle möglichen Endpunkte B wiederholen, um die genauen Wahrscheinlichkeiten an jedem Punkt der Leinwand zu kennen. Glücklicherweise stellt sich heraus, dass man diese Rechnung in der Praxis oft stark vereinfachen kann.

Man kann nämlich zeigen, dass die ganz ausgefallenen Wege (zum Beispiel dass das Elektron erst zum Mond fliegt und dann wieder zurückkommt, um schließlich auf der Leinwand zu landen) sehr wenig zur Gesamtwahrscheinlichkeit beitragen. Bei diesen Wegen ist es so, dass kleine Änderungen des Weges die finale Wahrscheinlichkeitswelle stark ändern, und Ansammlungen solcher Wege gleichen sich dann gegenseitig aus. Im Durchschnitt ist die Welle halt bei Stand null. Die kuriosen Wege haben also die Tendenz, sich gegenseitig zu neutralisieren.

Bei »klassischen Wegen« hingegen ist dies anders. Mit diesem Ausdruck meint man einen Weg, den auch ein großes Objekt wie ein Tennisball einnehmen würde. (Allgemein bezeichnet man mit »klassisch« die Physik vor der Quantentheorie, also zum Beispiel die alte Mechanik.) Oft sind diese Wege die direktesten. Bei solchen Wegen ist es so, dass kleine Veränderungen des Weges den finalen Wellenstand nicht wesentlich ändern. Solche Wege werden demnach durch nahe gelegene Wege verstärkt und tragen vorrangig zur Gesamtwahrscheinlichkeit des Ergebnisses bei. Beim Doppelspaltexperiment sind dies die Wege, die in gerader Linie von der Elektronenkanone zu einem der Spalte führen und von dort wiederum in gerader Linie zum Punkt B auf der Leinwand. Wir müssen uns also lediglich auf diese deutlich klareren Wege konzentrieren. Das macht die ganze Rechnung sehr viel einfacher.

Doch wie erklärt diese Prozedur nun das Ergebnis des Doppelspaltexperiments? Wie eben angedeutet reicht es in diesem Fall, uns auf die Wege zu konzentrieren, die von der Elektronenkanone in gerader Linie zu einem Spalt führen und von dort in gerader Linie zum ausgesuchten Punkt auf der Leinwand. Doch es gibt immer noch zwei solche Wege: einen durch den ersten Spalt und einen durch den zweiten. In der Praxis genügt es dann aber, die Wahrscheinlichkeitswellen dieser beiden Wege zu addieren.

Und das ist der springende Punkt: Diese beiden Wege können sich gegenseitig verstärken oder auch ausgleichen. Da gibt es dann Orte auf der Leinwand, wo die Wahrscheinlichkeitswellen sich verstärken – dort erwarten wir, dass viele Elektronen landen werden. Und es gibt Orte, wo sich die Wellen ausgleichen – dort erwarten wir wenige (und an Stellen exakten Ausgleichs gar keine) Elektronen. Diese Orte wechseln sich ab, und so kann man das Streifenmuster, das tatsächlich beobachtet wird, erklären. Präzise Berechnungen dieser Art stimmen auch ganz genau mit der beobachteten Anzahl eingegangener Elektronen überein (im Rahmen der zu erwartenden statistischen Fluktuationen). Was ich hiermit sagen möchte: Diese Art und Weise, alle Wege zu betrachten und deren Wahrscheinlichkeitswellen zu addieren, stimmt nicht nur qualitativ mit den Beobachtungen überein, sondern auch quantitativ.

Die Eigenschaft, dass mehrere Wege addiert werden, nennt man auch Superposition oder, man könnte sagen, Überlagerung. In diesem Fall haben wir eine Überlagerung des Weges durch den ersten Spalt und des Weges durch den zweiten. Auch ein einzelnes Elektron »erkundet« alle möglichen Wege. So eigenartig dies auch erscheinen mag – kein einziges Experiment hat je eine Diskrepanz zur Quantentheorie aufgezeigt.

Jetzt stellt sich aber noch die Frage, warum das Interferenzmuster verschwindet, wenn wir zusätzlich messen, durch welchen Spalt das Elektron geflogen ist. Wir stellen uns also wieder die Situation vor, bei der an beiden Spalten ein Messgerät aufgebaut wurde, welches das Vorbeifliegen eines Elektrons registrieren kann.

Hier müssen wir präzise und achtsam sein, sonst verheddern wir uns. Also, bislang haben wir die Frage gestellt: Wie hoch ist die Wahrscheinlichkeit, dass das Elektron von Punkt A (aus der Elektronenkanone) losfliegt und am Punkt B an der Leinwand ankommt? Für diese Berechnung haben wir dann die Wahrscheinlichkeitswellen aller Wege, durch beide Spalte hindurch, summiert. Jetzt hat die Frage sich leicht verändert, und zwar fragen wir nun zum Beispiel: Wie hoch ist die Wahrscheinlichkeit, dass das Elektron von Punkt A losfliegt, durch den ersten Spalt fliegt und dann am Punkt B ankommt? Oder wir stellen die gleiche Frage, aber eben für Spalt zwei.

Die Rechnung ändert sich nun. Denn jetzt müssen wir uns alle Wege anschauen, die, sagen wir mal, von A bis Spalt eins fliegen und von dort zu Punkt B. Dadurch, dass wir die Position des Elektrons an den Spalten messen, verringern wir die Anzahl der Wege, die wir bis hin zum Punkt B betrachten müssen. Denn von Spalt eins bis Punkt B gibt es nur einen dominanten Weg, und zwar den, der in gerader Linie Spalt eins mit Punkt B verbindet. Dass das Elektron es sich jetzt anders überlegt, nochmals zurückfliegt, dann durch den zweiten Spalt fliegt und schließlich an Punkt B ankommt, zählt nämlich zu den ausgefallenen Wegen, die sich alle ausgleichen (denken Sie an den Tennisball – dieser würde keinen solchen Weg fliegen können). Dieser ausgefallene Weg hat (praktisch) keinen Einfluss mehr auf die endgültige Wahrscheinlichkeitswelle. Und weil es jetzt nur noch einen, wie wir ihn nannten, »klassischen Weg« von Spalt eins zu Punkt B gibt, liefert dieser auch allein die Wahrscheinlichkeit für den Landungsort B. Es gibt dann keine Überlagerung solcher Wege, und das Streifenmuster verschwindet.

Es lohnt sich, diese Eigenschaft hervorzuheben: Die Messung hat das Experiment verändert. Durch die Messung haben wir das Elektron sozusagen gezwungen, sich für einen der Spalte zu entscheiden. Die Messung hat auch die Überlagerung zerstört und die möglichen Wege des Elektrons reduziert. Positiv ausgedrückt können wir sagen:

Messungen verankern die Realität.

Es gibt aber auch Situationen, wo man die Überlagerung lieber beibehalten möchte. So wird an vielen Stellen auf der Welt intensiv daran gearbeitet, brauchbare Quantencomputer herzustellen. Diese nutzen ausdrücklich diese Überlagerung – gewissermaßen ist es so, dass verschiedene »Wege« im Quantencomputer verschiedenen Berechnungen entsprechen. Wenn es also eine Überlagerung vieler Wege gibt, so kann dieser Rechner sehr viele Berechnungen gleichzeitig ausführen.

Dazu kommt, dass die Interferenz zwischen den Wegen zu neuen Möglichkeiten führt und neuartige Berechnungen erlaubt. Prinzipiell gesehen kann ein Quantencomputer demnach lauter Sachen ausrechnen, die ein herkömmlicher Rechner nicht berechnen kann oder, besser gesagt, für die ein herkömmlicher

Rechner sehr lange brauchen würde, denn dieser müsste all diese Rechnungen nacheinander ausführen. Das Problem dabei: Die Überlagerung darf nicht zerstört werden. Es darf also keine frühzeitige Messung vorgenommen werden, auch nicht unabsichtlich.

Was meine ich damit? Stellen wir uns kurz die Frage, was denn eine Messung eigentlich ist. Sagen wir, wir messen die Temperatur des Badewassers anhand eines altmodischen Thermometers. Dann prallen die Wassermoleküle am Thermometer ab, und dabei erwärmen sie das Quecksilber im Thermometer, welches sich seinerseits erwärmt und dabei ausdehnt. Der Höhe der Quecksilbersäule zeigt dann die Temperatur an. Natürlich können wir uns viel raffiniertere Messmethoden vorstellen. Aber eines haben alle diese Methoden gemeinsam: Es entsteht eine Wechselwirkung zwischen dem Messgerät und dem System, das gemessen wird.

Eine Messung ist also nichts anderes als eine Wechselwirkung. Und hier ist es auch egal, ob wir jetzt auf das Resultat der Messung schauen oder nicht. Dadurch, dass eine Messung vorgenommen wurde, also dadurch, dass eine Wechselwirkung stattfand, hat man die möglichen Wege des Elektrons (oder was auch immer man betrachtet) eingeschränkt und die Überlagerung (zumindest teilweise) zerstört.

Messungen zerstören Überlagerungen.

Bei einem so großen Apparat wie einem Quantencomputer ist es sehr schwierig, alle unerwünschten Wechselwirkungen zu vermeiden. Allein schon die Luft in Ihrem Zimmer zerstört ständig Überlagerungen. Denn die Luft besteht aus Molekülen, und wenn diese Moleküle auf Ihnen oder auf einem Tisch oder eben auf einem Quantencomputer aufprallen, so ist dies eine Wechselwirkung, die dazu beiträgt, Überlagerungen zu reduzieren. Das heißt, wenn Sie einen Quantencomputer bauen wollen, müssen Sie den Chip so komplett wie möglich vom Rest der Welt abschirmen. Es soll keine Luft, kein Licht, ja bestenfalls gar nichts darankommen. Sie sehen, in der Praxis ist es sehr schwierig, Überlagerungen beizubehalten.

Daher sehen wir auch so selten die Konsequenzen von Überlagerungen in der Natur. Daher fliegen die Pfeile des mittelalterlichen Ritters auch immer entweder durch die eine Scharte oder durch die andere – das Licht der Sonne scheint auf die Pfeile und »misst« so ständig deren Position. Deswegen nehmen die Pfeile auch einfach einen klassischen Weg, und es gibt keine Überlagerung der Flüge durch die beiden Scharten. Dieses Verschwinden der Überlagerungen nennen die Physiker »Dekohärenz«.

Noch ein Wort dazu: Bei einer Überlagerung kommt nicht der Durchschnitt heraus, sondern nur eine der Alternativen. Im Doppelspaltexperiment dürfte dies wohl klar sein. Das Elektron fliegt durch den einen oder anderen Spalt und nicht durch die Mitte, also nicht zwischen den Spalten hindurch. Manchmal wird dies etwas unpräzise dargestellt.

Sie haben bestimmt von Schrödingers berühmter Katze gehört. Bei diesem Beispiel stellt man sich eine Überlagerung von Zuständen einer Katze vor (es handelt sich eigentlich nicht um ein realistisches Beispiel; Schrödinger hat es nur erfunden, um die erstaunlichen Eigenschaften einer Überlagerung zu illustrieren). Wir müssen die Details hier nicht wiederholen, es sei nur gesagt, dass man sich eine Situation vorstellt, in der die Katze entweder tot oder lebendig sein kann. Das sind in diesem Fall die beiden klassischen »Wege«, die durch eine clevere Aufstellung überlagert werden. Manchmal wird dann aber gesagt, die Katze sei halb tot, was natürlich kurios klingt. Wie unsere Beschreibung aber klargemacht haben dürfte, ist dies nicht der richtige Ausdruck – eine Messung wird immer zu dem Ergebnis kommen, dass die Katze entweder tot oder lebendig ist und niemals etwas dazwischen. Aber bis zum Zeitpunkt der Messung weiß man nicht, ob die Katze tot oder lebendig ist, sie befindet sich eben in einer Überlagerung beider Zustände.

So, jetzt ist es aber an der Zeit, unser nächstes Quantenexperiment vorzustellen. Es fängt wieder ganz einfach an: Wir schießen Elektronen los und messen diese. Diesmal haben wir nicht einmal eine Trennwand zwischen dem Ausgangspunkt und dem Messgerät. Aber wir messen eine andere Eigenschaft der Elektronen, nämlich ihren Spin. Den kann man sich als Drehung des Elektrons vorstellen. Freilich ist das nicht ganz so, als wenn ein Ball sich dreht. Ein Ball besteht ja aus ganz vielen Teilchen, und das Ganze dreht sich dann. Aber ein Elektron kann man nicht zertrennen, soweit wir wissen, es wird mathematisch als Punkt behandelt. Trotzdem hat es diese Eigenschaft des Spins, der sich wie eine Drehung verhält. Man sollte sich den Spin eher als »interne« Drehung des Elektrons vorstellen. (Bevor Sie denken: »Was ist das denn für ein Hokuspokus mit diesem Spin?«, sollten Sie bedenken, dass gerade diese Eigenschaft es einem MRT-Gerät ermöglicht, in Ihren Körper zu schauen, ohne etwas zu zerstören und ohne dass jemand Sie aufschneiden muss.)

Der Veranschaulichung halber werden wir aber einfach so tun, als ob das Elektron sich wie ein kleiner Ball dreht. Doch weil wir es mit Quanten zu tun haben, kann das Elektron sich nicht beliebig schnell (oder langsam) drehen: Der sogenannte Drehimpuls ist immer gleich – um eine festgesetzte Achse besteht dann nur die Option, in die eine Richtung oder in die andere zu drehen.

Spin – für die, die es ganz genau wissen wollen

Die moderne Ansicht ist die, dass die Eigenschaften der Elementarteilchen mit Symmetrien zu tun haben. Ganz allgemein bedeutet Symmetrie, dass man verschiedene Veränderungen durchführen kann, ohne dass sich die physikalische Beschreibung ändert. Ein Beispiel aus dem normalen Leben: Wenn ich ein Weinglas am Stiel fasse und es (beliebig) drehe, so sieht es immer noch gleich aus – man sagt dann, dass das Weinglas eine (in diesem Fall kontinuierliche) Rotationssymmetrie besitzt. Umgekehrt kann man Objekte auch dadurch charakterisieren, wie sie sich bei Drehungen verhalten. So sieht ein unmarkierter Würfel zum Beispiel nach einer Vierteldrehung wieder gleich aus; ein Armleuchter hingegen braucht eine halbe (horizontale) Drehung, um wieder gleich auszusehen, und ein Stuhl eine vollständige Drehung.

In der Physik haben die praktischsten Eigenschaften auch mit Symmetrien zu tun. So sind zum Beispiel die Naturgesetze unveränderlich in der Zeit – sie waren gestern die gleichen wie heute. Mit dieser Symmetrie in der Zeit verbindet man die Energie. Sprich, aus den Gleichungen kommt Energie automatisch als praktische Eigenschaft eines Systems heraus, weil die Naturgesetze sich nicht in der Zeit ändern. Aus diesem Grund bleibt die Energie auch erhalten. (In der Relativitätstheorie, wo ja Zeit auch relativ ist, wird die Beschreibung leicht komplizierter, aber prinzipiell erhält man dasselbe Resultat.) Auf ähnliche Weise hat der Drehimpuls damit zu tun, dass die Naturgesetze gleich bleiben, wenn man sich dreht. Und so bleibt auch der gesamte Drehimpuls erhalten.

Elementarteilchen werden, ganz wie der Würfel, der Armleuchter oder der Stuhl, durch ihr Verhalten unter gewissen Symmetrien gekennzeichnet. Einerseits haben wir da die Masse der Teilchen, die mit der (relativistischen) Energie zu tun hat, und daher auch mit der Zeitsymmetrie. Und es gibt

den Spin, der mit dem Verhalten bei Drehungen zu tun hat. Lichtteilchen zum Beispiel haben Spin 1 und sind nach einer ganzen Drehung wieder identisch. Higgs-Teilchen haben Spin 0, was bedeutet, dass man sie beliebig drehen kann, ohne sie zu ändern. Und Elektronen sind recht speziell – diese haben Spin ½, was mit sich bringt, dass diese zwei ganze Umdrehungen brauchen, um wieder identisch zu sein. »Wie geht das?«, höre ich Sie fragen. Ich kann Ihnen ein Beispiel aus dem Alltag geben (bestimmt kennen Sie diesen »Trick«): Legen Sie einen Teller auf die flache Hand. Der Teller muss horizontal bleiben. Nun drehen Sie den Teller Richtung Bauch und dann immer weiter. Nachdem der Teller eine ganze Umdrehung gemacht hat, ist Ihr Arm verdreht. Doch drehen Sie einfach (in dieselbe Richtung) weiter: Nach einer weiteren kompletten Drehung des Tellers befindet sich Ihre Hand wieder in der Ausgangsstellung.
Bei weiteren Eigenschaften der Elementarteilchen, wie elektrischen und nuklearen Ladungen, verhält es sich ganz ähnlich. Nur dass diese nicht direkt aus einer Symmetrie des Raums hervorgehen, sondern eher aus gedachten »internen« Symmetrien. Man könnte auch sagen, dass man sich vorstellt, es gäbe überall noch einen fiktiven Raum, der am üblichen Raum dranhängt. In diesem erdachten Raum, der die Form eines Kreises oder eines Balls haben kann, können die Teilchen sich dann auch bewegen, ohne dass dies ihren Anschein in der »richtigen« Welt verändert. Aber die Symmetrien des internen Raums bestimmen dann die Art der Ladung. Wie wir später sehen werden, gibt es laut Stringtheorie die Möglichkeit, dass dieser zusätzliche Raum nicht fiktiv ist, sondern tatsächlich existiert.

Es gibt drei unabhängige Achsen, um die sich das Elektron drehen kann. Was meine ich damit? Stellen Sie sich nochmals einen Ball vor. Nennen wir den obersten Punkt des Balles den Nordpol und den untersten den Südpol. Der Ball kann sich zum Beispiel um die Achse Nordpol–Südpol drehen. Nehmen wir an, der Teil des Balles, der Ihnen am nächsten ist, bewegt sich dabei nach links – dann sagen wir einfach: Der Ball dreht sich nach links. Und andersherum nach rechts.

Jetzt können Sie sich aber auch vorstellen, dass wir den Ball durch den Äquator hindurch aufspießen, einfach von links nach rechts durch. Um diese Achse herum kann der Ball sich dann nach oben – oder nach unten – drehen. Und es gibt noch eine dritte Achse, nämlich die, die von Ihnen ausgeht, wiederum durch den Äquator hindurch, und auf der Hinterseite des Balles herauskommt. Auch um diese Achse herum kann der Ball sich in zwei Richtungen drehen. (Natürlich kann der Ball sich auch beliebig drehen – das kann man dann aber immer als eine Kombination von Drehungen um diese drei Achsen betrachten. Wenn der Ball sich also quer nach links oben hindreht, dann kann man dies als eine Kombination einer Drehung nach links und einer nach oben ansehen.)

Beim Spin des Elektrons ist es genauso. Im folgenden Experiment werden wir sogar nur zwei Drehachsen betrachten, die dritte brauchen wir gar nicht. Das Elektron kann sich demnach nach *links/rechts* und auch nach *oben/unten* drehen. Wir stellen uns vor, dass wir zwei Sorten von Messgeräten haben, die einen für die Messung der Drehung nach *links/rechts* und die anderen für *oben/unten*. Solche Messgeräte sind nicht zwingend kompliziert aufgebaut – ein Magnetfeld genügt schon, um die beiden Drehrichtungen zu unterscheiden – wir müssen die Details auch gar nicht kennen.

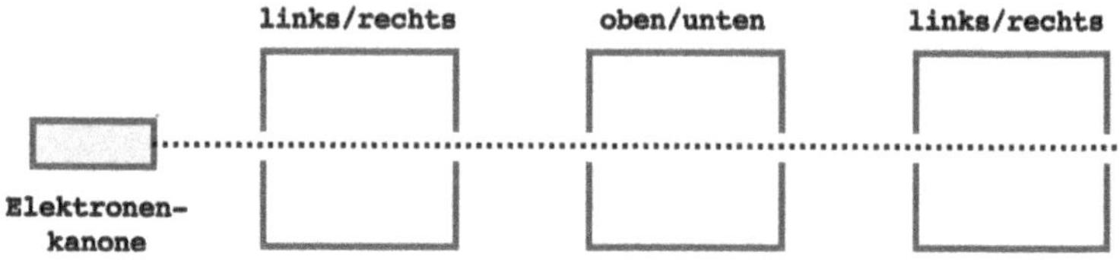

Skizze 9 Eine Vorrichtung, um den Spin eines Elektrons um verschiedene Achsen herum nacheinander zu messen.

Jetzt geht's los. Wir schießen das erste Elektron los und lassen es durch das *links/rechts*-Messgerät fliegen. Vor der Messung wissen wir nichts über das Elektron, wir haben keine Ahnung, in welche Richtung es sich dreht. Daher zeigt das Messgerät auch manchmal eine Drehung nach *links* an und manchmal eine nach *rechts*. Aber es zeigt immer etwas an – die Elektronen haben immer diesen Spin, und es kommt auch immer nur eines dieser beiden Messresultate heraus. Der Spin des Elektrons kann also nur diese zwei Werte annehmen. Das ist schon eine Erkenntnis.

Wir können jetzt noch ein zweites Messgerät aufstellen, durch welches das Elektron als Nächstes fliegt. Fürs Erste nehmen wir hierfür noch ein *links/rechts*-Gerät. Nehmen wir jetzt an, dass wir im ersten Gerät gemessen haben, dass das Elektron sich nach *links* dreht. Was zeigt das zweite Gerät an? Beruhigenderweise zeigt es ebenfalls eine Drehung nach *links* an. Jedes Mal, wenn das erste Gerät *links* ausweist, zeigt das zweite Gerät auch *links* an. Und wenn das erste *rechts* anzeigt, so bestätigt das zweite Gerät wiederum die erste Messung und zeigt auch *rechts* an. So weit, so gut.

Jetzt ändern wir den zweiten Detektor in ein *oben/unten*-Messgerät. Dieses Messgerät kann uns also mitteilen, wie das Elektron sich um eine zweite Achse dreht. Um es einfacher zu machen, sprechen wir erst nur über die Fälle, bei denen die erste Messung *links* angezeigt hatte. Wir filtern also die Resultate, damit wir sie klarer diskutieren können. Demnach wird das zweite Messgerät jetzt ausschließlich mit *links*drehenden Elektronen gefüttert (der Einfachheit halber schreiben wir *links*drehend anstelle von *nach links* drehend). Dabei stellt sich heraus, dass das zweite Messgerät nun manchmal *oben* und manchmal *unten* anzeigt. Es gibt hier keine Regelmäßigkeit; man kann kein Muster erkennen, welches uns erraten lassen würde, ob als Nächstes jetzt *oben* oder *unten* angezeigt wird. Das Einzige, was wir feststellen können, ist, dass insgesamt etwa genauso oft *oben* wie *unten* bei der Messung herauskommt. Die einzelnen Messungswerte erscheinen völlig zufällig, wie bei einem Münzwurf. Statistisch gesehen lautet die Hälfte der Messungswerte *oben* und die andere Hälfte *unten*. Sind also die Hälfte der *links*drehenden Elektronen auch *oben*drehend und die andere Hälfte *unten*drehend?

Wenn wir uns nun die Resultate der *rechts*drehenden Elektronen anschauen, so finden wir dasselbe; wiederum drehen etwa die Hälfte beim zweiten Messgerät nach *oben* und die andere Hälfte nach *unten*, und dies zufällig verteilt. Ist es also einfach so, dass die Hälfte aller Elektronen nach *oben* drehen und die andere Hälfte nach *unten?* Oder ist die Elektronenkanone so beschaffen, dass sie die Hälfte der Elektronen als *oben*drehend und die andere als *unten*drehend produziert?

Setzen wir nun ein drittes Messgerät in die Reihe, angefangen mit einem *oben/unten*-Gerät. Nicht unerwartet bestätigt dieses Gerät die vorherige *oben/unten*-Messung. Das heißt, wenn ein Elektron vorbeikommt, welches gerade eben als *unten*drehend gemessen wurde, so kommt bei der neuen Messung wieder *unten* heraus. Und in allen anderen Fällen geht es genauso – das Messgerät bestätigt immer die jeweils letzte Messung.

Als Nächstes wechseln wir das dritte Messgerät aus und setzen ein *links/rechts*-Gerät ein. Die Reihenfolge der Messgeräte ist also jetzt: *links/rechts*, dann *oben/unten* und dann wieder *links/rechts* (wie in Skizze 9). Wir betrachten zuerst Elektronen, die sich bei der ersten Messung nach *links* drehen. Wir wissen also mit Sicherheit, dass die Elektronen *links*drehend sind, und, wie wir auch festgestellt haben, wir könnten dies bestätigen (falls wir wollten), indem wir sie nochmals durch ein zusätzliches *links/rechts*-Gerät fliegen lassen würden. Danach fliegen sie aber jetzt durch das *oben/unten*-Gerät, und wie wir jetzt wissen, sind sie halb-halb in *oben* und *unten* aufgeteilt. Was passiert, wenn wir sie anschließend durch das nächste *links/rechts*-Gerät fliegen lassen? Wir erwarten, dass das Gerät *links* anzeigt, da dies ja schon vorhin gemessen wurde. Aber das ist nicht der Fall!

Tatsächlich sehen wir, dass die Hälfte der Elektronen im dritten Messgerät *links*drehend ist und die andere Hälfte *rechts*drehend. Und dies wiederum zufällig verteilt. Wir können sogar, der Klarheit halber, nur die Elektronen betrachten, die im ersten Gerät *links*drehend und im zweiten *oben*drehend sind. Wir wissen also, dass diese Elektronen in den Detektoren sowohl *links* wie auch *oben* angezeigt haben. Wenn wir deren Spin nun mit dem nächsten *links/rechts*-Gerät messen, so dreht sich die Hälfte davon trotzdem nach *rechts!* Dabei hatten wir doch gemessen, dass alle Elektronen ursprünglich *links*drehend waren. Und bei allen anderen Kombinationen von vorherigen Messwerten (also *links-unten, rechts-oben, rechts-unten*) ist es auch so: Bei der nächsten *links/rechts*-Messung dreht die Hälfte der Elektronen nach *links* und die andere Hälfte nach *rechts.*

Wie kann das sein? Folgendes können wir festhalten:

1. Wenn dieselbe Messung unverzüglich wiederholt wird, erhalten wir auch dasselbe Ergebnis.
2. Wenn aber auf eine *links/rechts*-Messung eine *oben/unten*-Messung folgt, so scheint die zweite Messung die Information aus der vorherigen Messung auszuradieren. Die Resultate einer neuen *links/rechts*-Messung nach einer *oben/unten*-Messung folgen dem Zufall, mit einer Verteilung von fünfzig Prozent *links* und fünfzig Prozent *rechts.*

In der Quantentheorie nennt man solche Eigenschaften, die man nicht gleichzeitig bestimmen kann, *komplementäre Observablen.*

Mit »Observablen« meint man lediglich etwas, was man beobachten kann. Die Bezeichnung »komplementär« ist weniger gut getroffen, finde ich, denn sie suggeriert, dass sich zwei Eigenschaften vervollständigen; hier ist aber eher gemeint, dass die beiden zwar zusammengehören, sich aber doch auch gegenseitig ausschließen. So viel zum Namen.

Wenn wir an die Erklärung des vorherigen Experiments zurückdenken, dann erinnern wir uns, dass man alle möglichen »Wege« (zwischen zwei Messungen) addieren sollte. Vielleicht wäre es noch besser zu sagen: Man soll alle möglichen Entwicklungen betrachten und (deren Wahrscheinlichkeitswellen) addieren. Hier heißt dies konkret, dass man die verschiedenen Spinzustände auch als separate Entwicklungen/Wege betrachten sollte. Somit kommen wir zur Erkenntnis, dass ein *links*drehendes (oder *rechts*drehendes) Elektron eine Überlagerung von Spin *oben* und Spin *unten* aufweisen kann.

Nehmen wir einmal an, wir wissen anhand der ersten Messung, dass das Elektron *links*drehend ist. Wir wissen aber nicht, ob es auch *oben*- oder *unten*drehend ist – daher müssen wir beide Möglichkeiten addieren und beschreiben diesen Zustand also auf folgende Art:

*links*drehender Zustand = *links/oben* + *links/unten*

Diese Schreibweise reflektiert unser Wissen, indem der erste Eintrag in beiden Termen *links* lautet, und unser Unwissen, indem der zweite Eintrag einmal *oben* und einmal *unten* lautet. Deswegen ist das Resultat einer darauffolgenden *oben/unten*-Messung die Hälfte der Zeit *oben* und die andere Hälfte der Zeit *unten*. (Eine *links/rechts*-Messung würde aber immer *links* zeigen, denn beide Terme zeigen *links* an, genau wie es auch beobachtet wird.)

Was passiert bei der nächsten Messung? Wie gesagt, die Chancen stehen 50:50, ob wir bei der zweiten Messung, welche mit einem *oben/unten*-Gerät ausgeführt wird, *oben* oder *unten* messen. Nehmen wir an, wir erhalten das Resultat *oben*. Dann ändert sich der Zustand des Elektrons, denn wir wissen ja jetzt mit Sicherheit, dass das Elektron *oben*drehend ist. Wie wir schon diskutiert haben: Eine Messung entfernt Überlagerungen dadurch, dass ein einziger, bestimmter Wert gemessen wird, und verankert somit die Realität. Wir müssen den Zustand des Elektrons daher jetzt aktualisieren, denn wir haben ja durch die Messung eine neue Information gewonnen, nämlich dass das Elektron *oben*drehend ist. Dadurch haben wir aber, wie das Experiment es gezeigt hat, alle vorherigen Informationen ausradiert und wissen sonst nichts über den Spinzustand des Elektrons. Der neue Zustand des Elektrons ist also jetzt

*oben*drehender Zustand = *oben/links* + *oben/rechts*

Das Elektron befindet sich nun in einer Superposition, oder Überlagerung, der *links*- und *rechts*drehenden Zustände. Und bei einer darauffolgenden *links/rechts*-Messung stehen die Chancen wieder 50 : 50, genauso wie es beobachtet wird.

Ich nehme an, Ihnen dreht sich mittlerweile der Kopf. Wir reden ja eigentlich über eine recht einfache Vorrichtung, bei der ein Teilchen durch zwei oder drei Detektoren fliegt und jedes Mal einer von zwei möglichen Werten bestimmt wird. Und trotzdem ist es kompliziert – nicht, weil es in sich kompliziert ist, sondern weil es ungewohnt ist. Machen Sie sich nichts draus. Bei Gelegenheit können Sie gern die letzten Abschnitte nochmals lesen, vielleicht werden Sie sich ein bisschen an die Logik der Quantenwelt gewöhnen. Oder es ist Ihnen vielleicht auch schon alles klar. So oder so, ich möchte dem noch ein paar Kommentare hinzufügen.

Eine wichtige Sache zuerst: Es darf kein Muster geben, welches die Reihenfolge der *links/rechts*-Resultate beim letzten Beispiel bestimmen würde (wie etwa abwechselnd *links, rechts, links,*

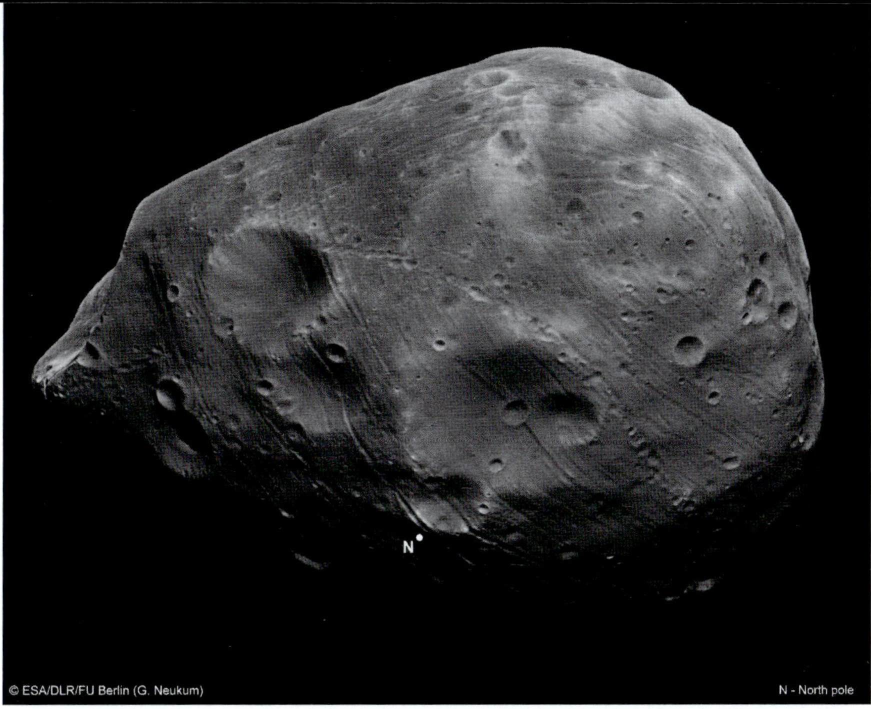

Abb. 1: Phobos, einer der beiden Marsmonde, ist so klein und leicht, dass die Schwerkraft nicht ausgereicht hat, ihn zu einer Kugel zu formen.

Abb. 2: Erde und Mond in einem gemeinsamen Foto, im Jahr 1992 aufgenommen von der Raumsonde Galilei.

Abb. 3: Die uns abgewandte Seite des Mondes, aufgenommen vom Lunar Reconnaissance Orbiter.

Abb. 4: Die Erde, von Apollo 8 aus einer Umlaufbahn um den Mond aufgenommen.

Abb. 5: Messier M106, eine Spiralgalaxie ähnlich der unseren.

Abb. 6: Das Stephansquintett, ein Galaxienhaufen.

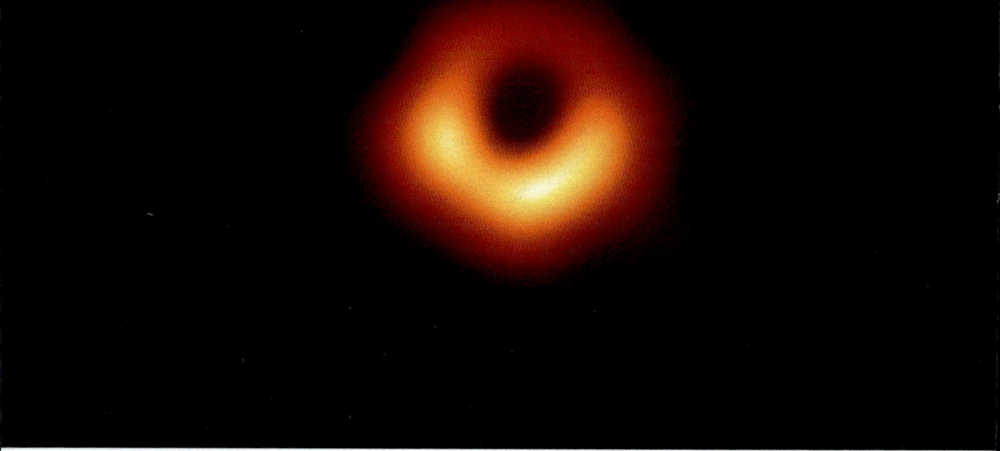

Abb. 7: Das Schwarze Loch im Zentrum der Galaxie Messier M87, mit heiß glühender, spiralförmig einstürzender Materie.

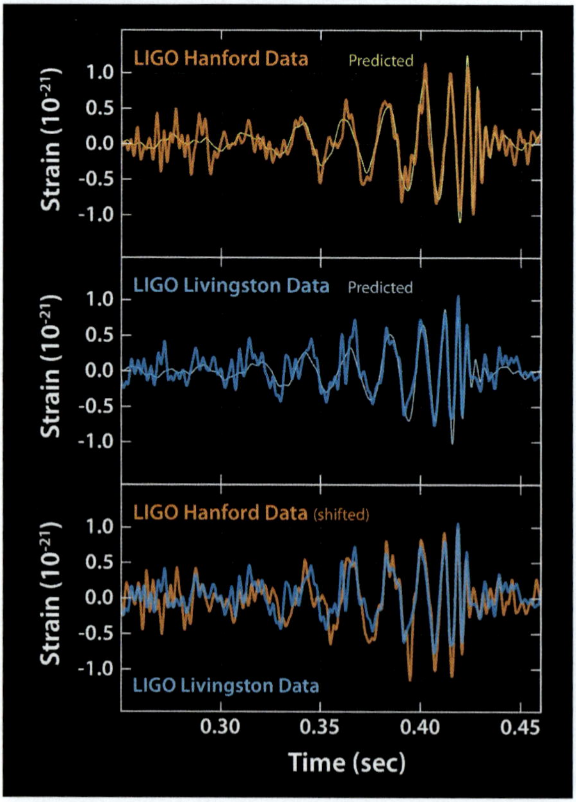

Abb. 8: Die Gravitationswellen zweier kollidierender Schwarzer Löcher, am 11. Februar 2016 von zwei separaten Detektoren aufgenommen. Die Signale sind mit den theoretischen Vorhersagen (geschmeidige Kurven) und miteinander (unten) verglichen. Nach dem Verschmelzen der Schwarzen Löcher (bei 0,42 Sekunden) nehmen die Gravitationswellen wieder ab.

Abb. 9: Eine Gaswolke, in der neue Sterne entstehen.

Abb. 10: Ein Stern, der seinen Treibstoff aufgebraucht hat, hat seine Gashülle ins All abgestoßen.

Abb. 11: So sieht es aus, wenn wir tief ins Universum schauen. Fast alle Objekte in diesem Foto sind weit entfernte Galaxien, bei manchen brauchte das Licht mehrere Milliarden Jahre, um uns zu erreichen.

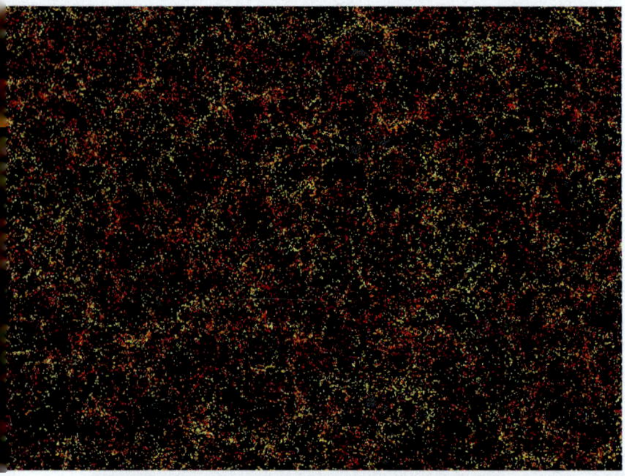

Abb. 12: Eine grafische Darstellung der Verteilung der Galaxien in einer Gegend des Universums etwa sechs Milliarden Lichtjahre von uns entfernt (+/- 250 Millionen Lichtjahre), in falschen Farben eingefärbt. Der Durchmesser des Bildes beträgt etwa 7 Milliarden Lichtjahre.

Abb. 13: Der »bullet cluster«, als Beispiel der Effekte Dunkler Materie.

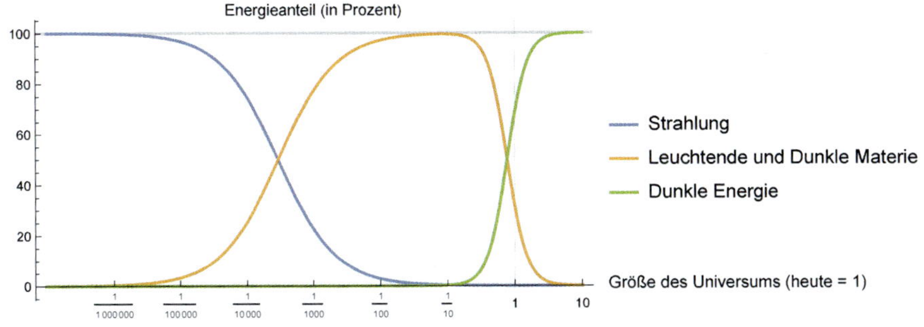

Abb. 14: Die Zusammensetzung des Universums, als Funktion dessen Größe.

Abb. 15: Die Temperaturschwankungen der kosmischen Hintergrundstrahlung, als Mikrowellen vom Planck-Satelliten aufgenommen und in falschen Farben eingefärbt.

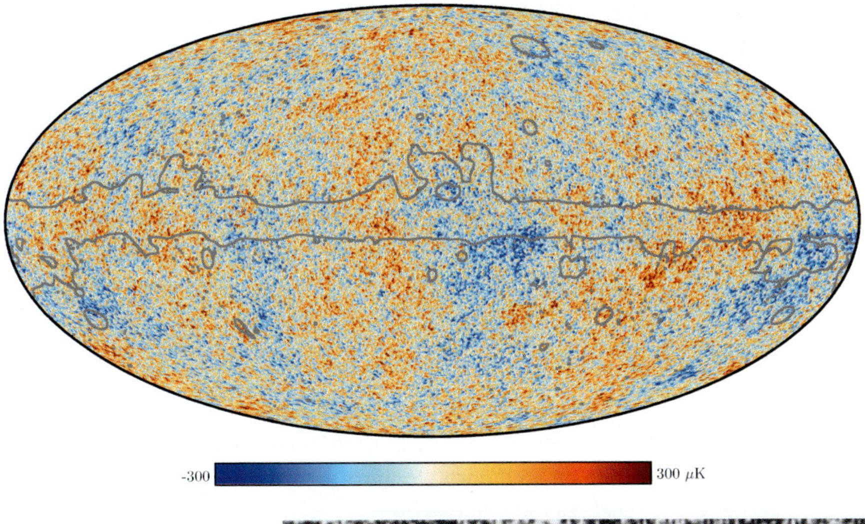

Abb. 16: Das Resultat des Doppelspaltexperiments. Die zahlreichen Elektroneneinschläge zeigen ein gestreiftes Interferenzmuster auf.

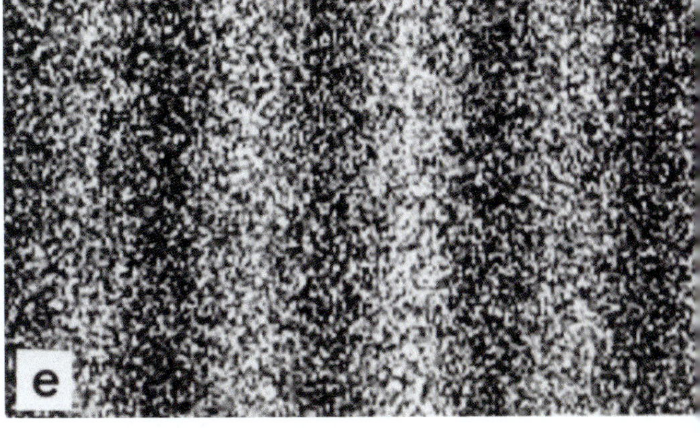

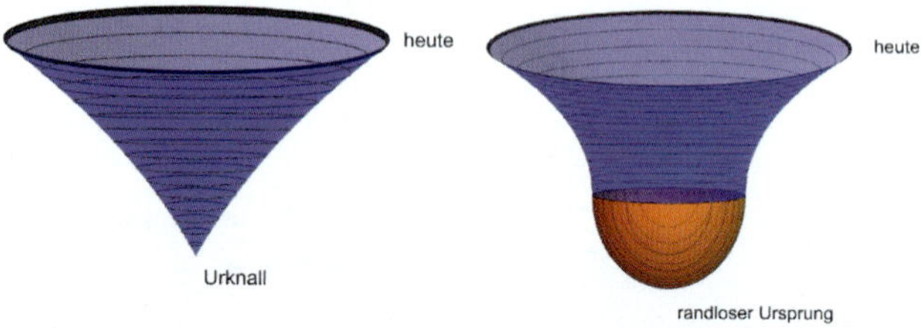

Abb. 17: Der Urknall als Singularität (linke Grafik) und das randlose Universum (rechte Grafik).

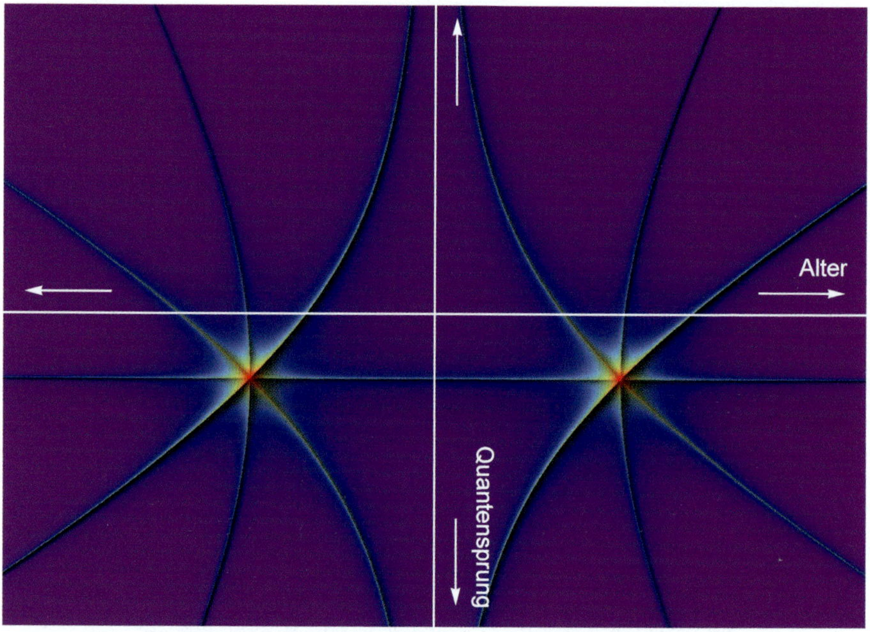

Abb. 18: Grafische Darstellung einer Berechnung der Wellenfunktion des Universums. Jeder Punkt entspricht einer möglichen Entwicklung. Die Linien zeigen die wichtigsten Entwicklungen an, und dort, wo diese sich kreuzen, befindet sich die wahrscheinlichste Entwicklung des Universums.

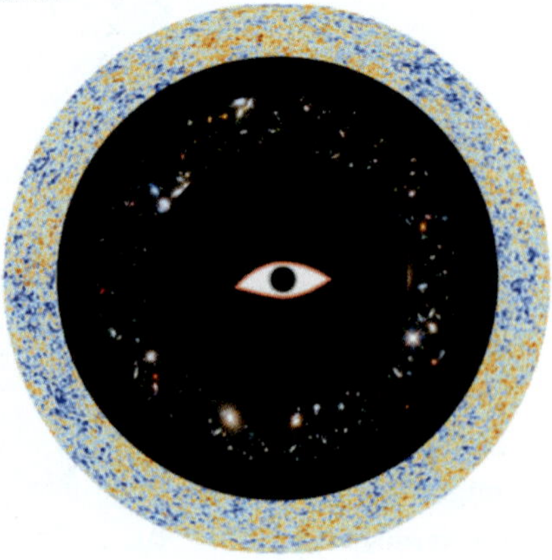

Abb. 19: Eine Darstellung unserer »Raumzeitschaft«. Wir sehen die verschiedenen Gegenden des Universums zu unterschiedlichen Zeiten. Hieraus entsteht unsere derzeitige Realität.

rechts, …), denn sonst könnte man ja doch herausfinden, wie sich das Elektron um die genannte Achse dreht – sprich, das Resultat der komplementären Messung muss purer Zufall sein.

Die Naturgesetze beinhalten ein fundamentales Maß an Zufall.

Nochmals, mit anderen Worten: Wahrscheinlichkeiten entstehen, weil man gewisse Eigenschaften überhaupt nicht kennen kann, die Information ist einfach nicht da. Das Elektron ist ein derart einfaches System, dass es nur die Information des Spins um eine einzige Achse speichern kann. Misst man den Spin um eine neue Achse, wird die vorherige Information zunichte. Misst man etwas Neues, hat das Elektron die Kapazität nicht, die alte Information beizubehalten – und nur die neue Information ist zugänglich. Die alte Information ist dann komplett weg. In unserem Fall besteht die Information jeweils aus einem von nur zwei möglichen Werten, *links* oder *rechts* oder auch *oben* oder *unten*. Weil diese beiden Werte eigentlich, bis auf eine Spiegelung, gleich sind, erhält man dann auch bei einer Überlagerung dieselben Wahrscheinlichkeiten für beide Resultate, und die Chancen stehen 50 : 50.

Wahrscheinlichkeiten entstehen als direkte Konsequenz eines fundamentalen Nichtwissens.

Hierbei ist es wichtig zu betonen, dass es sich um eine fundamentale Grenze handelt. Es ist nicht so wie beim Kartenspielen, wo es beim Poker unter bestimmten Umständen, sagen wir mal, eine 18,7-prozentige Chance gibt, dass mein Gegenüber eine

Dame in der Hand hat. In dem Fall handelt es sich nicht um ein fundamentales Nichtwissen – prinzipiell könnte ich erfahren, welche Karten mein Mitspieler besitzt. Ich könnte zum Beispiel aufstehen und einfach nachschauen. Das würde das Spiel zwar zerstören, aber prinzipiell wäre es möglich. Die 18,7-Prozent-Chance kommt daher, dass ich selbst entscheide, nicht zu schauen, um des Spielens willen (oder um keins auf die Nase zu kriegen). Bei komplementären Observablen in der Quantentheorie ist das anders: Hier ist es schlicht unmöglich – egal was man tut –, die eine Eigenschaft zu ermitteln, wenn man die andere kennt. Und umgekehrt.

Es gibt viele weitere Beispiele von solch komplementären Observablen, also von Paaren von Eigenschaften, die man nicht gleichzeitig beliebig genau kennen kann. Ein bekanntes und wichtiges Beispiel hierfür sind die Position und die Geschwindigkeit (technisch gesehen, der Impuls) eines beliebigen Teilchens. Das ist ein bisschen anders als beim vorherigen Beispiel, weil hier sowohl die Position als auch die Geschwindigkeit viele verschiedene Werte annehmen können anstelle von nur zwei. Dadurch kann das Unwissen auch flexibler verteilt sein. Vorhin, als wir unter anderem den Spin um die vertikale Achse besprachen, wussten wir ja gar nichts über den Spin um die horizontale Achse. Bei Position und Geschwindigkeit kann das Unwissen entweder mehr bei der Position oder mehr bei der Geschwindigkeit liegen. Das heißt:

Je präziser wir die Position eines Teilchens kennen,
umso weniger wissen wir über dessen Geschwindigkeit.

Und umgekehrt: Je präziser wir die Geschwindigkeit kennen, umso ungenauer ist unser Wissen um dessen Position. Dies gilt übrigens für alle Teilchen, also für Elektronen, Higgs-Teilchen,

Photonen usw. Man nennt diese Eigenschaft die *Heisenbergsche Unschärferelation.* Werner Heisenberg hat sie 1927 bei einem Aufenthalt in Kopenhagen hergeleitet, weil er sich fragte (und anhand von vielen Rechnungen dann auch herausfand), was man denn in der damals komplett neuen Quantentheorie überhaupt so beobachten kann und was nicht.

Diese Unschärfe war damals ein völlig neues Konzept. Bis zu diesem Zeitpunkt dachte man, die Präzision einer Messung sei nur durch die Technik limitiert. Jetzt aber wurde klar, dass es auch fundamentale Grenzen gibt, die man nicht überwinden kann. Ein Beispiel: Innerhalb eines Atoms kann man nie genau wissen, wo ein Elektron sich befindet. Das hat eine wichtige Konsequenz: Es erklärt nämlich, warum die Materie stabil ist. Der »alten« klassischen Physik nach müsste das Elektron nämlich bei seinen Umdrehungen um den Atomkern herum nach und nach Energie abgeben und in den Atomkern fallen. Das Elektron kann dies aber laut Quantentheorie gar nicht tun, denn dann wüssten wir ja, wo das Elektron sich befindet. Und es stellt sich heraus, dass die Unschärfe eines Elektrons innerhalb eines Atoms deutlich größer ist als der Durchmesser des Atomkerns. Dieses Argument zeigt schon, dass Elektronen nicht in den Kern fallen können, und dadurch bleiben Atome auch stabil. Die Quantentheorie erklärt also, warum wir nicht durch den Boden ins Erdinnere fallen (wobei in dem Fall die Erde selbst auch noch kollabieren würde) …

Vielleicht fragen Sie sich jetzt, wie ich vom Durchmesser des Atomkerns sprechen konnte, obwohl ich ja eben geschrieben hatte, man könne Teilchen nicht lokalisieren. Streng genommen haben Sie damit auch absolut recht. Nur ist es so, dass die Unschärfe bei massereicheren Objekten kleiner wird. Und Atomkerne sind mehr als tausendmal so schwer wie Elektronen. Daher ist deren Unschärfe deutlich geringer, und man kann mit größerer Präzision bestimmen, wo sie sich befinden.

Dass es eine gewisse Unschärfe in der Position eines Teilchens geben muss, ist sogar gar nicht so schwer zu verstehen (dass diese Unschärfe jedoch absolut fundamental ist und nicht überwunden werden kann, egal was man macht, folgt nicht direkt aus dem gleich angeführten Argument – dennoch ist das Argument recht anschaulich).

Fragen Sie sich mal kurz, wie wir eigentlich die Position eines Objekts messen. Nehmen wir als Beispiel wieder ein Elektron. Wir müssen dieses Elektron ja sehen können, um herauszufinden, wo es sich befindet. Das heißt, wir müssen es beleuchten – sprich, wir schießen Lichtteilchen auf das Elektron. Im besten Fall genügt ein einziges Lichtteilchen. Trotzdem bedeutet dies, dass das Lichtteilchen mit dem Elektron kollidiert, daran abprallt und dann zu uns zurückfliegt, wo wir es messen können; dabei wird das Elektron notgedrungen weggedrückt, und wir haben automatisch die Position sowie die Geschwindigkeit des Elektrons verändert – nur dadurch, dass wir ebendiese Position messen wollten. Und das Lichtteilchen, das zu uns zurückfliegt, prallt auch gegen unseren Detektor (es prallt also gegen weitere Teilchen) usw. Es ist demnach schier unmöglich, die ursprüngliche Position des Elektrons präzise zu ermitteln. Und sobald wir unsere Messung durchgeführt haben, hat sich dessen Position ohnehin schon wieder verändert. So etwas wie eine präzise definierte Flugbahn eines Teilchens gibt es also gar nicht. Nur eine ungefähre.

Letztere Erkenntnis hat übrigens keine Auswirkung auf die Art, wie Wahrscheinlichkeiten ausgerechnet werden. Vorhin haben wir ja gesehen, dass man die Wahrscheinlichkeitswellen für jeden möglichen Weg zu einem gewissen Messpunkt hin ausrechnet und dann die Resultate für all diese Wege noch zusammenzählen muss. Bei diesen Wegen handelt es sich nur um gedachte Wege zum Messpunkt hin, man sollte diese also lediglich als Teil der Rechnung betrachten. Die tatsächliche Flugbahn eines Teilchens ergibt sich aus all den finalen Wahrscheinlichkeiten, welche man für alle möglichen Messpunkte ausgerechnet hat – man kann also nur sagen, welche die wahrscheinlichste Flugbahn ist und wie groß die Abweichungen hiervon wahrscheinlich sein werden.

Zur Zeit der Entdeckung der Quantenmechanik hat man oft eine sogenannte Nebelkammer eingesetzt, um die Flugbahnen von Teilchen zu bestimmen. In dieser Nebelkammer bilden sich kleine Flüssigkeitströpfchen genau dort, wo ein geladenes Teilchen, wie ein Elektron, vorbeifliegt. (Das Elektron bringt das Gas in der Nebelkammer dazu, zu winzigen Tröpfchen zu kondensieren.) Diese Tröpfchen zeigen also auf indirekte Weise die Flugbahn des Teilchens. Oft ist es so, dass die Tröpfchen ziemlich genau einer klassischen Flugbahn folgen, aber mit kleinen Unschärfen, welche unter den meisten Bedingungen nicht weiter auffallen, weil sie so gering sind. Man sollte vielleicht besser sagen: Oft sind die Umstände so, dass die Wahrscheinlichkeiten einer Tröpfchenbildung entlang einer klassischen Flugbahn sehr hoch sind und abseits dieser klassischen Flugbahn abnehmen. Man erwartet demnach, wie im letzten Abschnitt schon bemerkt, dass die Tröpfchen ziemlich genau einer klassischen Flugbahn folgen, mit kleinen von der Unschärfe verursachten Abweichungen. Und genau das wird in Nebelkammern beobachtet.

Auch wenn die Unschärfe oft schwer festzustellen ist, so hat sie doch markante Folgen. Wie Heisenberg herausgefunden hat, ist die Unschärfe unüberwindbar. Sie ist immer und überall da – man kann sie nicht wegdenken.

Ein Beispiel: Die Temperatur, die wir in einem Raum messen, hängt von der Bewegungsenergie der Luftmoleküle ab. Einfach gesagt: Je schneller die Luftteilchen herumfliegen und je stärker sie vibrieren, desto wärmer ist es. Bei anderen Substanzen ist das genauso: In einem warmen Stück Holz vibrieren die Atome mehr und in einem kalten weniger.

Die quantenmechanische Unschärfe bedeutet ja, dass man die Position und die Geschwindigkeit der Teilchen nie absolut präzise wissen kann. »Wissen« ist jetzt aber vielleicht ein irreführrender Ausdruck, denn die Unschärfe hat nichts mit unserem Wissen zu tun. Eigentlich müssten wir sagen, dass man weder der Position noch der Geschwindigkeit einen präzisen Wert zuschreiben kann. Gewissermaßen existieren Position und Geschwindigkeit nicht präzise. Auch wenn die Unschärfe so klein ist, wie sie es nur sein kann, kann die Geschwindigkeit zum Beispiel nicht null sein und null bleiben (sie kann lediglich mal zufällig für ganz kurze Zeit null sein). Wenn sie null wäre, würde man ja den exakten Wert kennen. Das heißt, alle Elementarteilchen bewegen sich immer ein bisschen und vibrieren immer ein bisschen – sie können nie komplett stillstehen (außer, wie gesagt, mal zufällig für ganz kurze Zeit). Daraus folgt, dass die Temperatur nicht beliebig niedrig sein kann. Nehmen wir mal an, alle Teilchen in einem Stück Eis bewegen sich so wenig, wie es nur absolut möglich ist – dann sinkt die Temperatur des Eises auf den niedrigsten möglichen Wert, und der liegt bei etwa -273,15 Grad Celsius. Man nennt diese Temperatur auch den *absoluten Nullpunkt*. Kälter kann Eis nicht werden. Und das gilt nicht nur für Eis, bei allen anderen Substanzen ist es genauso – auch diese können nicht kälter als der absolute Nullpunkt sein. Und dies ist eine direkte Folge der Quantentheorie. Andersrum kann man sagen, dass diese niedrigstmögliche Temperatur, die bislang in Experimenten tatsächlich nie unterschritten werden konnte, ein Beweis für die Quantentheorie und die damit zusammenhängende Unschärfe darstellt.

Noch ein Beispiel, für Leute, die gern zu Hause aufräumen: Treiben wir das mit dem Aufräumen mal auf die Spitze und versuchen, einen leeren Raum zu erhalten. Zuerst stellen wir alle Möbel raus. Dann natürlich auch den Teppich und die Bilder an den Wänden. Ist der Raum jetzt leer? Nein, die Luft muss auch noch raus. Also saugen wir sie komplett heraus – was eigentlich in der Praxis äußerst schwierig ist, aber sagen wir mal, wir haben auch das geschafft. Ist der Raum nun leer? Der klassischen Physik nach: ja. Aber nicht in der Welt der Quanten. Die Unschärfe bringt mit sich, dass auch die Energie nie ganz präzise bekannt sein kann. Vor allem kann sie nicht präzise null sein. Und wie wir schon mehrmals diskutiert haben, kann sich Energie umwandeln, zum Beispiel in Teilchen. Die Unschärfe hat also zur Folge, dass immer und überall Teilchen entstehen und wieder verschwinden können. Ja, nicht nur können, sondern sogar müssen. Man nennt diese Teilchen auch *virtuelle Teilchen,* weil sie meist nur ganz kurz da und dann wieder verschwunden sind. Ein leerer Raum ist demnach nie ganz leer. Es gibt darin immer virtuelle Teilchen, die kommen und gehen.

In der Physik nennt man den leeren Raum auch *Vakuum.* Wie wir jetzt sehen, ist dieses Vakuum aber keinesfalls langweilig – nein, da ist sogar ständig was los. Unter den meisten Umständen haben die virtuellen Teilchen aber nur einen sehr kleinen Einfluss. Sie können beispielsweise die Ladungen von Elektronen ganz leicht verändern, indem sie diese abschirmen. Es gibt auch den sogenannten Casimir-Effekt: Hierfür nimmt man zwei metallische, elektrisch ungeladene Platten und stellt diese in einem großen »leeren« Raum parallel zueinander auf. Die Platten bewirken, dass es weniger virtuelle Teilchen zwischen ihnen gibt als außerhalb. Das hat damit zu tun, dass die virtuellen Teilchen, die auch ihre eigene Unschärfe in der Position haben, zwischen die Platten passen müssen. Weil es dann aber mehr solche Teilchen außerhalb als zwischen den Platten gibt, entsteht ein Druck von außen, und der kleine Überschuss an äußerlichen Teilchen drückt die Platten (ganz leicht) aufeinander zu. Dieser Effekt wurde schon in vielen Experimenten gemessen.

Eine Warnung: Der Casimir-Effekt hängt vom Unterschied des Vakuums außerhalb und zwischen zwei Platten ab und sagt nichts darüber aus, wie bedeutend die Energie des Vakuums insgesamt ist. Auf dieses, wie sich herausstellt, schwierige Thema werden wir im Kapitel »Die Zukunft sollte man nicht vorhersagen« nochmals zurückkommen. Im Universum gibt es viel leeren Raum, und dessen Gesamtenergie (das ist die berühmte

Dunkle Energie, der wir schon begegnet sind) spielt daher auch eine große Rolle in der Entwicklung des Kosmos.

Es gibt noch ein berühmtes Beispiel für die Wirkung virtueller Teilchen, und das ist die Hawking-Strahlung. Sie wurde in den 1970er-Jahren von Stephen Hawking vorhergesagt, konnte aber noch nicht experimentell verifiziert werden, aus gutem Grund. Hawking hat nämlich herausgefunden, dass laut Quantentheorie Schwarze Löcher auch Strahlung abgeben. Wie Sie sich erinnern werden, sind Schwarze Löcher in der klassischen Physik komplett schwarz: Sie verschlingen alles, was ihnen so über den Weg läuft, inklusive Licht. Es gibt diesen »point of no return«, auch Horizont genannt, hinter dem nichts mehr dem Schwarzen Loch entweichen kann. Alles wird dann unausweichlich ins Zentrum des Schwarzen Lochs hineingezogen. Laut Quantentheorie können sich aber immer virtuelle Teilchen bilden, auch in der Nähe des Horizonts. Dazu kommt, dass die Position des Horizonts eine gewisse Unschärfe aufzeigt, sie fluktuiert gewissermaßen. Ein virtuelles Teilchen, welches innerhalb des Lochs entstanden ist, kann sich demnach kurz darauf auch mal außerhalb des Lochs befinden und tatsächlich entweichen. Dann ist es auch nicht mehr virtuell, sondern ein ganz normaler, anständiger Bestandteil der Hawking-Strahlung. Es hat somit Energie und daher auch Masse aus dem Schwarzen Loch hinausgebracht – eine erstaunliche Leistung, durch deren Vorhersage Hawking auch prompt berühmt wurde. Diese Strahlung ist aber leider sehr, sehr schwach. Bei Schwarzen Löchern, die derzeit mit Gravitationswellen beobachtbar sind, konnte sie noch nicht gemessen werden, und dies wird auch in absehbarer Zukunft bedauerlicherweise nicht möglich sein. Aber irgendwann …

Es ist gleich an der Zeit, die Quantentheorie aufs ganze Universum anzuwenden – das Hauptthema dieses Buches. Bevor wir dies tun, möchte ich noch ein paar allgemeine Bemerkungen zur Quantentheorie machen.

Die Konzepte der Quantentheorie ermöglichen es, die Natur im Kleinsten zu verstehen. Somit löst die Theorie die Frage, was die Welt zusammenhält. Vorher gab es zwei Hauptmöglichkeiten für den Aufbau der Materie: Entweder konnte sie aus nicht weiter trennbaren Teilchen bestehen, oder die Natur konnte sich im Kleinsten vielleicht eher wie Wellen, also wie eine flüssige Substanz, verhalten. Die Teilchen konnten manche Experimente erklären und die Wellen andere Experimente. Es bestand also ein deutlicher Konflikt zwischen beiden Ansichten. Die Quantentheorie vermag es, beide Konzepte auf fast Zen-artige Weise miteinander zu verschmelzen.

Die zentralen Aspekte der Quantentheorie wurden vor gut hundert Jahren entwickelt, in den 1920er-Jahren. Damals war Westeuropa die Hochburg der Physik. Und es war nicht wie bei der Relativitätstheorie, die Albert Einstein quasi im Alleingang aufgestellt hatte. Diesmal waren viele Physiker entscheidend beteiligt. Um nur ein paar zu nennen, die ganz am Anfang wichtige Erkenntnisse beigesteuert haben: Max Planck, Niels Bohr, Albert Einstein, Werner Heisenberg, Erwin Schrödinger, Paul Dirac, Wolfgang Pauli, Pascual Jordan, Max Born, Louis de Broglie. Alles Männer (das war damals so), alle in Dänemark, Deutschland, Frankreich, Großbritannien und Österreich arbeitend.

Was ich daran so erstaunlich finde, ist, dass diese Leute zunächst die ganze Physik bis zu diesem Zeitpunkt kennen mussten, also die ganze klassische Physik, und sich dann doch völlig neue Ideen einfallen lassen mussten, um die Welt der Atome und Elementarteilchen zu verstehen. Alles war doppelt neu: Die Art der Mathematik, die angewandt werden musste, war für die klassische Physik eher nur am Rande relevant, und die philosophischen Ideen waren komplett neu, zumindest für Physiker. Es ist beeindruckend, wie flexibel diese Forscher im Kopf waren; viele waren auch sehr jung – Heisenberg war gerade mal 24 Jahre alt, als er die Unschärfe entdeckte.

Wie zum Beispiel sehr schön von Fritjof Capra in seinem Buch *The Tao of Physics* erläutert, passt die fernöstliche Philosophie deutlich besser zur Quantentheorie als die westliche. So wurden die europäischen Physiker jener Zeit automatisch zu Konzepten wie der Komplementarität der Gesichtspunkte, der Achtsamkeit für das Beobachtbare, einer ganzheitlichen Betrachtung der Natur usw. geführt. Es ist auch kein Zufall, dass Niels Bohr, als er Träger des dänischen Elefantenordens wurde, ein Wappen konzipierte, welches das Symbol für Yin und Yang enthält.

In der darauffolgenden Zeit kam der Aufschwung des Nationalsozialismus in Deutschland und die damit verbundene Unterdrückung vieler fortschrittlicher Ideen. Das hatte zur Folge, dass viele Physiker (und andere Wissenschaftler auch) ausgewandert sind, oft in die Vereinigten Staaten. Von dieser Zeit an war die Forschung weit stärker über die Welt verbreitet (mit Ausnahme von Afrika, eine Tatsache, an der sich bedauerlicherweise bis heute wenig geändert hat).

Es gibt verschiedene Formulierungen der Quantentheorie, die aber alle zu denselben Resultaten führen. Es mag also sein, dass, falls Sie sich schon mal über die Quantentheorie informiert haben, manche Konzepte anders dargestellt wurden als hier. (So gibt es zum Beispiel Heisenbergs Formulierung anhand von Matrizen und Schrödingers Formulierung anhand von Differenzialgleichungen – auf diese werde ich nicht eingehen.) Die Beschreibungen, mit deren Hilfe ich hier versuche, die Quantentheorie zu veranschaulichen, basieren auf den Arbeiten des US-Amerikaners Richard Feynman, der ebenso einfallsreich war wie die Gründer der Quantentheorie und zwanzig Jahre später, zur Zeit des Zweiten Weltkriegs, eine komplett neue Formulierung der Quantenmechanik aufstellte. Das ist die Formulierung, die darauf basiert, Wahrscheinlichkeiten anhand aller möglichen Entwicklungen auszurechnen. Sie hat den entscheidenden Vorteil, dass man sie besser auf die Kosmologie anwenden kann. Deswegen nutze ich Feynmans Darstellung hier.

Abschließend möchte ich noch kurz auf die konzeptionellen Unterschiede zwischen den beiden am besten entwickelten Theorien der Physik, der Relativitätstheorie und der Quantenphysik, eingehen. Die Relativitätstheorie ist mathematisch kompliziert, aber klar. Im Vergleich dazu ist die Quantentheorie eher primitiv, aber schockierend. Sie ist eine extreme Form von Literalismus – damit meint man die Manie, alles wortwörtlich zu nehmen und nicht zwischen den Zeilen lesen zu können. In der Quantentheorie ist dies genauso: Man darf nicht zwischen den Zeilen lesen. Wenn ich beobachten kann, ob ein Elektron da ist oder nicht, kann ich auch nur dies beobachten. Ich kann dann sonst nichts über das Elektron sagen, ich kann nicht einmal sagen, dass es irgendeine andere Eigenschaft besitzt. Das erscheint teilweise absurd – stellen Sie sich vor, das würde auch auf große Objekte zutreffen. Das wäre dann so, als ob ich im Straßenverkehr nur sehen könnte, ob ein anderes Auto da ist, jedoch keine Ahnung hätte, wie schnell es fährt. Umgekehrt könnte ich manchmal feststellen, wie schnell es fährt, hätte dann aber keine Ahnung, wo es sich befindet. Die Werkstätten hätten ihren Spaß … Weicht man aber von einer solchen direkten Interpretation ab und versucht, mehr in eine Situation hineinzulesen, als man durch direkte Beobachtungen erfahren kann, stößt man unausweichlich auf Paradoxien.

Aus diesem Grund (und ein paar anderen) wird auch oft behauptet, dass es so schwierig sei, Relativitätstheorie und Quantentheorie zu kombinieren. Eine der Überraschungen der letzten Jahrzehnte ist aber eher die Erkenntnis, dass es erstaunliche Zusammenhänge zwischen beiden theoretischen Ansätzen gibt. Es ist sogar gut möglich, dass das Zusammenwirken der fundamentalen Eigenschaften beider Theorien alle Struktur im Universum hervorgebracht hat. Und das Universum selbst noch dazu. Somit wären wir bei unserem Hauptthema angekommen!

Aus dem Nichts

Wie entsteht etwas? Ein Beispiel: Mein jüngster Sohn und ich haben ein Regal gebaut. Gestern war es noch nicht da, und heute steht es neben unserer Eingangstür, um Schuhe daraufzustellen. Doch gestern besorgten wir immerhin schon Bretter und Holzleim (wir wollten nicht schrauben, damit es »cleaner« aussieht). Man könnte also sagen, das Regal entstand aus einer Umwandlung der Bretter und des Leims. Und, wenn Sie so wollen, aus der recht vagen Idee eines Regals, die wir im Kopf hatten. Und die Bretter entstanden aus Bäumen, die erst mal wachsen mussten, indem sie Kohlenstoff aus der Luft nahmen und Nährstoffe und Wasser aus dem Boden. Es mussten also ganz viele Atome auf genau die richtige Art zusammenkommen, um diesen Baum zu schaffen. Wiederum kann man das Ganze als eine große Umwandlung sehen.

Kann man auf ähnliche Art jedes Entstehen als eine Umwandlung bestehender Stoffe verstehen? Falls ja, würde dies bedeuten, dass es alles immer schon gegeben haben muss – wohl in anderen Formen, mit anderem Aussehen und auch anderen Eigenschaften, aber die Bestandteile mussten schon immer da gewesen sein. Wie der französische Chemiker Antoine Lavoisier vor langer Zeit sagte: *»Rien ne se perd, rien ne se crée«*, auf Deutsch: Nichts geht verloren, nichts wird erschaffen. Diese Idee selbst wurde auch öfter umgewandelt – der griechische Philosoph Anaxagoras hatte schon eine ähnliche These vor 2500 Jahren vertreten, und bestimmt andere noch vor ihm.

Das Thema erinnert auch an die mittelalterlichen Alchemisten, die aus unedlen Metallen Gold herstellen wollten, durch Kontakt mit einem sogenannten Stein der Weisen. Erst vor gut hundert Jahren wurde klar, dass Goldatome einen anderen Atomkern besitzen als andere Elemente und dass man etwas anderes nur dann in Gold umwandeln kann, falls man Atomkerne umwandeln kann. Es brauchte also die Entwicklung von Teilchenbeschleunigern und die daraus resultierende Nuklearphysik – heutzutage ist der Traum der Alchemisten also wahr geworden, freilich nur mit einem enorm hohen Aufwand.

Wie wir gesehen haben, vollbringt das Universum seine eigene Alchemie. Die eigentlichen Alchemisten sind nämlich die Sterne, die unter gewaltigem Druck und bei extremen Temperaturen Atomkerne verschmelzen und dabei neue Elemente erschaffen. Und wenn sie dann kollidieren oder explodieren, produzieren sie noch zahlreiche weitere Elemente dazu, Gold inklusive. Auch in diesem Fall kann man von einer Umwandlung sprechen – die Atomkerne verändern sich, aber für diese Umwandlungen werden schon vorher bestehende Atomkerne genutzt.

Diese Überlegungen suggerieren, dass das Universum unendlich alt sein muss; dass alles aus Umwandlungen vorheriger Stoffe entsteht und dass es also nie etwas komplett Neues gibt. Wäre das schön und beruhigend oder vielleicht eher langweilig? Meiner Erfahrung nach scheiden sich hier die Geister – manche bevorzugen die Idee einer ewigen Rückkehr und manch andere die eines einmaligen Erlebnisses. Vielleicht sollten wir besser fragen: Sind diese Argumente plausibel?

Es gibt einen Bereich der Physik, der sich damit beschäftigt, was passiert, wenn sehr viele Teilchen zusammenkommen und zusammenwirken – die *Thermodynamik*. Dabei geht es zum Beispiel um Gase und Flüssigkeiten und was geschieht, wenn sie warm oder kalt werden, wenn sie gefrieren oder verdampfen, wenn der Druck erhöht wird, wenn sie verbrennen oder explodieren. Eine sehr grundlegende Einsicht, die hieraus erfolgt, ist die, dass die Unordnung im Groben stetig zunimmt. (Der technische Ausdruck für diese Unordnung ist *Entropie*.) Doch was meint man damit?

Stellen Sie sich vor, Sie verbrennen dieses Buch. Dann haben Sie nachher einen kleinen Haufen Asche, und es gibt ein bisschen mehr Kohlendioxid (und andere Gase) in der Atmosphäre.

Die Atome, aus denen dieses Buch besteht, gehen dabei nicht verloren – nein, sie werden umgewandelt und neu verteilt. Aber versuchen Sie nachher, das Ganze rückgängig zu machen. Versuchen Sie, aus dieser Asche und den entflohenen Gasen das Buch wiederherzustellen. Im Prinzip sollte dies ja möglich sein, es geht ja nur um eine Neuverteilung der Atome. Nun, viel Glück beim Versuch!

Ähnliches geschieht, wenn Sie Ihr Handy fallen lassen und der Bildschirm auf einem Stein zersplittert. Wiederum sind die Atome ja nur leicht neu arrangiert, aber versuchen Sie mal, den ursprünglichen Bildschirm wiederherzustellen. In beiden Beispielen hat die Unordnung zugenommen. Und die vorhergehende Ordnung können Sie nicht so leicht wiederherstellen. Jetzt könnten Sie sagen: Ich kann die Splitter erwärmen, bis sie verschmelzen, und dann kann ich daraus einen neuen Bildschirm herstellen. Aber um die Splitter zu erwärmen, müssen Sie wieder etwas verbrennen, und man kann ausrechnen, dass dabei noch mehr Unordnung entsteht als Ordnung, die Sie wiederherzustellen versuchen. Man nennt dies offiziell den Zweiten Hauptsatz der Thermodynamik, diese Erkenntnis, dass die Unordnung im Gesamten immer zunimmt.

Dies führt zu einer kniffligen Frage. Es ist ja dann so, dass, egal was wir uns vornehmen, wir unmöglich morgen mehr Ordnung schaffen können, als heute vorhanden ist. (Das Ordnungsamt steht also vor einer schier unlösbaren Aufgabe – ein kleiner Trost.) Und gestern war mit genauso großer Sicherheit die Welt noch ordentlicher als heute, so wie es ja einige ältere Herren auch gern behaupten – physikalisch gesehen haben sie also (diesmal) sogar tatsächlich recht. Je weiter wir in die Vergangenheit zurückdenken, umso mehr Ordnung muss es insgesamt im Universum gegeben haben. Wie erklären wir in dem Fall die heutige Welt, falls das Universum unendlich alt sein soll? Nach unendlicher Zeit müsste die Unordnung unendlich groß geworden sein, und so etwas wie menschliche Körper, die ja erstaunlich präzise organisiert sind, dürfte es nicht geben. Es dürfte eigentlich gar nichts mehr mit irgendeiner geordneten Struktur geben.

Nochmals Schritt für Schritt: Verglichen mit heute muss im frühen Universum also sehr viel Ordnung geherrscht haben. Und das stimmt ja tatsächlich mit den Beobachtungen der kosmischen Hintergrundstrahlung überein. Wie wir gesehen haben, war die kosmische Hintergrundstrahlung im Groben überall im Universum gleich, und demnach war auch die Krümmung von Raum und Zeit überall fast gleich. Es gibt also handfeste Beobachtungen, die auf sehr direkte Weise zeigen, dass das Universum vor dreizehn Milliarden Jahren sehr viel ordentlicher war als heute. Doch wie kann das Universum so ordentlich gewesen sein, wenn die Unordnung zuvor über unendlich viele Jahre hinweg ständig zunehmen musste? Ist die Thermodynamik etwa falsch? Oder ist das Universum einfach nicht unendlich alt? Und falls Letzteres gilt, wie konnte das Universum entstehen, wenn sich alles immer nur umwandelt?

Es ist sehr praktisch, ein solches Paradoxon zu haben – dann besteht eine gute Möglichkeit, etwas Brauchbares zu lernen. Aber behalten wir die Frage mal für kurze Zeit im Hinterkopf und kommen nochmals auf die Quantentheorie zurück. Ihre Prinzipien scheinen die Basis der Naturgesetze zu bilden. Daher sollten wir überlegen, was diese Prinzipien zum Thema Umwandlungen und Entstehung sagen.

Umwandlungen sind für die Quantentheorie jedenfalls unproblematisch; ja, sie kommen sogar ständig vor. Erinnern Sie sich an das Beispiel der Glühbirne: Da wird Strom in Bewegungsenergie (die der Atome im Draht) umgewandelt, und diese wiederum in Lichtteilchen. Übrigens können sich umgekehrt Lichtteilchen auch in Bewegungsenergie (und daher Wärme) umwandeln. Das geschieht zum Beispiel dann, wenn die Sonne auf die Haube Ihres Autos scheint. Umwandlungen sind in der Quantentheorie also nicht nur erlaubt, sondern allgegenwärtig. Diese Umwandlungen können im Kleinen in beide Richtungen erfolgen – sprich, sie können auch rückgängig gemacht werden. Die Rätsel mit der Entropie treten erst bei größeren Ansammlungen von Teilchen auf, also bei größeren Systemen. Hier kann man übrigens ausrechnen, dass die thermodynamische Unordnung tatsächlich aus der Quantentheorie folgt, und zwar sobald man viele Teilchen hat, die miteinander wechselwirken.

Doch wie sieht es mit dem Entstehen in der Quantentheorie aus? Dafür lohnt es sich, die Unschärfe nochmals ein bisschen unter die Lupe zu nehmen. Die Unschärfe sagt uns, dass es Eigenschaften gibt, die man komplementär nennt und die man nicht gleichzeitig beliebig genau kennen kann – ja, die sogar keine präzisen Werte besitzen, egal ob wir jetzt versuchen, diese zu messen oder nicht. Unser Hauptbeispiel hierfür waren die Position und die Geschwindigkeit eines Teilchens.

Gehen wir erneut darauf ein. Wie schon mehrmals erwähnt, kann man die Wahrscheinlichkeit, ein Teilchen an einem bestimmten Ort vorzufinden, dadurch errechnen, dass man die Wahrscheinlichkeitswellen aller möglichen Wege zu diesem Ort zusammenrechnet. Hätte ein Teilchen eine präzise Position, so würde dies bedeuten, dass diese Summe aller Wahrscheinlichkeitswellen für diesen einen Ort einen bestimmten Wert einnehmen würde (egal welchen, nur nicht null), aber an allen anderen Orten exakt null sein müsste. Dann wäre die Wahrscheinlichkeit, das Teilchen an diesem einen Ort vorzufinden, hundert Prozent und die Wahrscheinlichkeit an allen anderen Orten exakt null Prozent.

Doch wie Sie sich vielleicht vorstellen können, ändern sich die Wahrscheinlichkeitswellen der verschiedenen Wege graduell, wenn man den Zielort ein bisschen verschiebt. Es ist demnach nicht plausibel, dass die Summe der Wahrscheinlichkeitswellen überall, außer an einem einzigen Ort, exakt null ergibt. Anders gesagt, die Position eines Teilchens ist immer etwas ungewiss. Und ebenso verhält es sich mit der Geschwindigkeit dieses Teilchens. Auch diese ist immer etwas ungewiss.

Wenn die Position ungewiss ist, bedeutet dies auch, dass der Zustand des Teilchens aus einer Überlagerung vieler verschiedener möglicher Positionen besteht. Und da die Geschwindigkeit ebenso ungewiss ist, gibt es dazu noch eine Überlagerung von Geschwindigkeitswerten. Wenn die eine Eigenschaft gemessen wird, weiß man entsprechend wenig über die andere, und umgekehrt. Das bedeutet auch, dass eine Eigenschaft spontan einen gewissen Wert annehmen kann. Misst man die Position eines Teilchens, so hat dieses notgedrungen danach eine gewisse Geschwindigkeit, oder besser gesagt, es gibt Wahrscheinlichkeiten, dass das Teilchen gewisse Geschwindigkeitswerte annimmt. Das ist eine Art Entstehen. Gleich werden wir ein möglicherweise sehr relevantes kosmologisches Beispiel für solch einen Vorgang sehen. Aber auch jetzt schon können wir festhalten:

Wegen der Unschärfe entsteht manchmal notgedrungen etwas aus dem Nichts.

Auch die Vakuumfluktuationen mit ihren virtuellen Teilchen können so verstanden werden. Diese sind auch notgedrungen da und entstehen spontan, ohne Umwandlung aus bestehender Materie. Freilich verschwinden sie auch genauso schnell wieder, jedenfalls unter gängigen Umständen. Im frühen Universum waren die Umstände jedoch nicht immer die heute üblichen.

Kommen wir daher zu unserem kosmologischen Beispiel. Sie erinnern sich: Das frühe Universum entwickelte sich sehr gleichmäßig, es sah überall und in alle Richtungen etwa gleich aus. Das wissen wir durch die Beobachtungen der kosmischen Hintergrundstrahlung. Diese Strahlung enthält aber auch kleine Temperaturschwankungen, die einhergehen mit kleinen Schwankungen in der Dichte des Universums. Die Gegenden, wo sich ein bisschen mehr Materie befand, sind dann unter dem Einfluss der

Schwerkraft in sich zusammengefallen und haben nach und nach Sterne, Sternenhaufen und Galaxien gebildet. Aus den winzigen Urfluktuationen ist demnach die ganze Struktur des Universums entstanden.

Die große Regelmäßigkeit des frühen Universums ist bislang noch ein ungeklärtes Rätsel. Aber wie wir gesehen haben, könnte eine sehr frühe sogenannte Inflationsphase diese Gleichmäßigkeit erklären. Die rasante Ausdehnung während einer Inflationsphase bringt es fertig, ein kleines Stück Universum binnen kürzester Zeit so aufzublähen, dass dann über große Regionen hinweg die gleichen Bedingungen herrschen – so wird das Universum homogenisiert.

Eine Inflationsphase wird von einem Teilchen, dem Inflaton (das eventuell das Higgs-Teilchen sein könnte oder auch ein bislang noch unentdecktes Teilchen) angetrieben. Oder besser gesagt von einer riesigen Anzahl solcher Teilchen, die koordiniert die Ausdehnung des Universums antreiben. (Gängig sagt man oft nur »das Inflaton«, obwohl man eigentlich die ganze Ansammlung solcher Teilchen übers ganze Universum verstreut meint.) Diese Teilchen besitzen eine enorme Potenzialenergie, die während der Inflationsphase langsam abnimmt. Das haben wir mit dem Bild einer hohen Düne, von der man herunterrutscht, anschaulich gemacht. Wenn das Inflaton unten ankommt, endet die Inflationsphase, und fast die ganze Energie dieser rasanten Ausdehnung wird in Materie umgewandelt – das Universum füllt sich dann mit Elektronen und Quarks, wie die, aus denen wir bestehen, sowie mit Strahlung und Dunkler Materie, alles, was man eben so braucht. All diese neu erschaffene (oder besser: umgewandelte) Materie ist auch sehr heiß, und somit folgt die bekannte Ausdehnung des Universums nach dem Urknallmodell.

Doch nicht so schnell! Wir haben das Inflaton bislang wie in der alten, klassischen Physik beschrieben. (Also, nicht ganz so alt – immerhin anhand der Relativitätstheorie, ist aber dennoch klassische Physik.) Dabei haben wir die Quantentheorie außen vor gelassen. Doch die Unschärfe können wir nicht so einfach umgehen. Hier haben wir es nämlich wiederum mit zwei Größen zu tun, die komplementär sind: die Position des Inflatons (auf der »Düne«) sowie dessen Geschwindigkeit beim Hinunterrollen (schauen Sie gern nochmals auf Skizze 6 im Kapitel »Kosmische Inflation«). Wie wir jetzt wissen, können wir diese Position nicht beliebig genau kennen, und die zugehörige Geschwindigkeit auch nicht. Es gibt notgedrungen kleine Schwankungen in der Position sowie in der Geschwindigkeit.

Wie stark diese Schwankungen an einem Ort ausfallen, ist vom Zufall bestimmt (sonst wäre es keine Unschärfe). Weil es diese Schwankungen aber überall gibt, können wir sie statistisch beschreiben. Das bedeutet, dass wir nicht sagen können, »genau hier befindet sich das Inflaton etwas höher auf der Düne und dort etwas niedriger«. Wir können aber ausrechnen, wie groß diese Schwankungen typischerweise sind (es stellt sich heraus, dass dies von der Steilheit der Düne abhängt), und wir können auch wissen, wie selten große Schwankungen sind. Wir können also ausrechnen, wie die Schwankungen durchschnittlich verteilt sind. So gibt es genauso viele Schwankungen nach oben wie nach unten. Insgesamt kann man diese Fluktuationen sehr gut beschreiben.

Doch was bedeuten diese Schwankungen des Inflatons? Nun, das Inflaton treibt die Inflationsphase an, es bestimmt also, wie schnell sich das Universum ausdehnt. Gibt es eine kleine Schwankung der Position nach oben auf der Düne, so dehnt sich das Universum an diesem Ort ein bisschen schneller aus, und die Inflationsphase dauert auch ein wenig länger, da das Teilchen jetzt einen etwas längeren Weg nach unten hat. An diesem Ort hat das Universum sich dann am Ende der Inflationsphase ein bisschen mehr ausgedehnt.

Ich möchte kurz hervorheben, dass wir eben dabei sind, Relativitätstheorie und Quantentheorie miteinander zu verbinden.

Das geht bei solch kleinen Quantenschwankungen problemlos. (Über größere Quanteneffekte sprechen wir bald.) Die Relativitätstheorie hat uns beigebracht, dass Zeit, Raum und Materie immer eng miteinander verbunden sind. Eine kleine Schwankung in der Ausdehnung wirkt sich daher auch auf die Materie aus, die sich am Ende der Inflationsphase bildet. Dort, wo der Raum sich ein bisschen mehr ausgedehnt hat, ist dann auch die Dichte der Materie etwas geringer. Und umgekehrt: An Orten, wo das Inflaton eine Fluktuation nach unten erlebt hat, kommt die Inflationsphase etwas zügiger zu Ende, das Universum dehnt sich etwas weniger aus, und die Materiedichte wird etwas höher sein.

Zwei wichtige Details müssen wir noch klären. Erstens: Unter gängigen Bedingungen haben solche Fluktuationen, die aus der Unschärfe hervorgehen, keinen bemerkbaren Effekt, weil sie sich ausgleichen – mal fluktuiert die Position in die eine Richtung, mal in die andere, und im Durchschnitt bemerkt man das dann nicht. Hier haben wir es aber mit ganz speziellen Bedingungen zu tun. Während einer Inflationsphase dehnt sich das Universum so schnell aus, dass es keine Chance für einen solchen Ausgleich gibt. Die Effekte einer Fluktuation werden rasend schnell über eine große Region verteilt, sodass diese Fluktuation nicht mehr kompensiert werden kann – besser gesagt, sie kann nicht mehr überall kompensiert werden, da spätere Fluktuationen deutlich kleiner sind als die schon aufgeblähten. Die extreme Ausdehnung des Universums verbreitet die Quantenfluktuationen blitzschnell über große Gegenden des Universums. Und zweitens: Eine Konsequenz davon, dass in diesem sich aufblähenden Raum immer wieder neue, kleinere Quantenfluktuationen entstehen (die dann nacheinander aufgebläht werden), bringt mit sich, dass es am Ende Fluktuationen in allen möglichen Größenordnungen gibt. Das ist wie bei einem Fraktalbild (falls Sie solche kennen): Könnte man in das Bild zoomen, so würde man immer wieder dasselbe Muster sehen.

Das Resultat des Ganzen (falls es eine Inflationsphase gab): Die Quantenfluktuationen im Inflatonfeld führen automatisch zu kleinen Schwankungen in der Dichte der Materie. Und diese Schwankungen gibt es in jeder Größe, überall im Universum. Sie werden wahrscheinlich eins und eins schon zusammengezählt haben:

Die Quantenfluktuationen des Inflatons
können die Ursache der Temperaturschwankungen in der
kosmischen Hintergrundstrahlung gewesen sein.

Das ist eine starke Aussage. Die Inflationsphase wurde ja erdacht, um erklären zu können, warum das frühe Universum sich so gleichmäßig entwickelt hat, warum es so geschmeidig war. Doch die Unschärfe ist immer da, und während einer Inflationsphase werden die resultierenden Fluktuationen verstärkt. Daraus bilden sich leichte Falten in der sonst so geschmeidigen Entwicklung des Universums, aber diese Falten sind genau das, was man braucht, um später Sterne und Galaxien zu bilden (und auch noch die großen Leerräume in den Gegenden, wo die Dichte geringer ausfällt). Die Inflationsphase kann demnach nicht nur die grobe Regelmäßigkeit des frühen Universums erklären, sondern auch noch die kleinen Unregelmäßigkeiten. Das ist keine kleine Sache.

Wir müssen jedoch immer fragen: Passt dies auch mit den Beobachtungen überein – werden die Dichteschwankungen von der Inflation genau so vorhergesagt, wie die Beobachtungen sie uns zeigen? Auf diese Frage muss die Antwort etwas nuanciert ausfallen. Es stellt sich heraus, dass die präzisen Eigenschaften der Dichteschwankungen von der Form der Potenzialenergie, also von der Form der »Düne« abhängen. Und diese Form ist nicht bekannt, auch weil wir nicht wissen, ob das Higgs-Teilchen als

Inflaton fungieren konnte oder ob es hierfür ein noch unbekanntes Teilchen gebraucht hat. Jedoch können wir fragen: Falls es ein entsprechendes Inflaton gab, können wir dann allgemein etwas über die erwartete Verteilung der Schwankungen sagen?

Erstaunlicherweise ja. Denn zwei Dinge sind klar: Erstens muss die Inflationsphase lange genug dauern, um die extreme Geschmeidigkeit des frühen Universums erklären zu können. Und zweitens muss die Inflationsphase irgendwann zum Ende gekommen sein, sonst gäbe es uns ja nicht. Dass sie lange genug andauern musste, bringt mit sich, dass die Düne nicht zu steil sein durfte, ja, sie musste während der Inflationsphase oben sogar sehr flach gewesen sein. Nur ganz flach konnte sie nicht gewesen sein, da die Inflationsphase ja auch zum Ende kommen musste. Wenn das Inflaton die Düne hinunterrollt, nimmt die Potenzialenergie ab, und die Inflationsphase wird schwächer. Das bringt mit sich, dass man erwartet, dass spätere Quantenfluktuationen etwas schwächer waren. Das heißt: Die großen, weiter aufgeblähten Fluktuationen sollten etwas stärker sein als die kleineren, noch nicht so aufgeblähten. Und genau dies wird in der kosmischen Hintergrundstrahlung beobachtet!

Man sagt, wo Rauch ist, ist auch Feuer. Das Feuer, das eine Inflationsphase antreiben konnte, bleibt derzeit noch hypothetisch. Aber den Rauch, den man dabei erwarten würde, können wir bereits sehen – und der passt nun mal sehr gut zu unseren Beobachtungen. Daher nehmen Kosmologen diese Idee so ernst. Und daher wagen wir die These:

Quantenfluktuationen sind der Ursprung aller Struktur im Universum.

Das Schöne daran ist, dass diese Fluktuationen eine direkte Folge der quantenmechanischen Unschärfe sind, aufgebläht durch eine enorme Ausdehnung des Universums, die die Relativitätstheorie hervorbringen kann. Der Ursprung aller Struktur war demnach eine Folge der Quantengravitation (auch wenn wir die vollständige Theorie noch nicht kennen). Und diese Fluktuationen kamen aus dem Nichts. Sie sind ohne Umwandlung aus einem früheren Stoff aufgetaucht. Niemand soll behaupten, diese kleinen Fluktuationen blieben ohne Konsequenz!

Was wir eben diskutiert haben, erscheint dies den meisten Kosmologen derzeit als die beste Erklärung für den ultimativen Ursprung der Sterne und Galaxien. Doch wird dies ja nicht einfach entschieden. Selbst wenn alle Kosmologen von einer Idee überzeugt wären, würde diese Tatsache sie immer noch nicht wahr machen. Auch zukünftige Beobachtungen müssen mit der Theorie übereinstimmen. Und auch dann noch kann man sich fragen, ob es vielleicht eine alternative Erklärung für die beobachteten Phänomene gibt.

Wie wir schon kurz beschrieben haben, gibt es ein alternatives Modell, um die Geschmeidigkeit des frühen Universums zu erklären, und zwar das ekpyrotische Modell. In diesem Modell, wie Sie sich erinnern werden, gibt es eine Phase, in der sich das Universum langsam und unter hohem Druck zusammenzieht. Dabei bügelt diese Phase alle Falten aus dem Universum heraus. Wie sieht es denn hier aus, wenn wir die quantenmechanische Unschärfe mit in Betracht ziehen?

Auch für eine ekpyrotische Phase bedarf es eines Teilchens, wiederum ähnlich dem Higgs-Teilchen, welches diese Phase antreibt. Oder besser gesagt, es bedarf eines Schwarms solcher Teilchen, übers ganze Universum verteilt. Diesmal jedoch sieht die Potenzialenergie etwas anders aus, sie muss nämlich sehr steil sein. Das ist intuitiv nicht so leicht nachzuvollziehen, aber man kann zeigen, dass das higgsartige Teilchen in einer solchen Phase sehr schnell seine »Düne« hinuntersausen muss, damit keine anderen Materiearten die Regie übernehmen. Auch in diesem Fall diktiert die Unschärfe, dass dieses Teilchen keine exakt definierte Position auf seiner Düne hat, und auch, dass dessen Geschwindigkeit leicht variieren muss. Schwankungen in der Position führen dann auch hier zu Dichteschwankungen, weil sie die Rate, mit der sich das Universum zusammenzieht, fluktuieren lassen. Da die Düne aber so steil ist, stellt sich heraus, dass die Eigenschaften der entsprechenden Dichtefluktuationen diesmal ziemlich unterschiedlich sind: Diesmal werden die kleinen Fluktuationen deutlich verstärkt, und die großen sind so schwach, dass man sie ignorieren kann. Es sieht also erst mal so aus, als könnte eine ekpyrotische Phase die Beobachtungen der kosmischen Hintergrundstrahlung nicht erklären.

Doch das ist noch nicht die ganze Geschichte. Nach meiner Doktorarbeit in London vor zwanzig Jahren war ich für zwei Jahre als Forscher in Cambridge in der dortigen Kosmologiegruppe. Einer der Professoren, Neil Turok, hatte das Modell einer ekpyrotischen Phase etwa vier Jahre zuvor mit entwickelt. Dass diese Theorie die Beobachtungen nicht erklären können sollte, war ihm ein großer Dorn im Auge. In Zusammenarbeit mit seinem damaligen Studenten Paul McFadden ist uns dann aufgefallen, dass ein zusätzliches Teilchen die Lösung sein könnte. Wir haben herausgefunden, dass, falls es noch ein zweites higgsartiges Teilchen geben würde (eins, das die ekpyrotische Phase nicht antreibt, sondern einfach nur da ist, jedoch erneut als Schwarm übers Universum verteilt), dessen Quantenfluktuationen genau die gewünschten Eigenschaften haben könnten. Denn auch wenn dieses Teilchen sonst nichts macht, gibt es ja notgedrungen immer noch seine Quantenfluktuationen – es macht also etwas, ohne etwas zu machen. Bis auf einen Haken: Weil dieses Teilchen die Kontraktion des Universums nicht antreibt, führt es nicht direkt zu Schwankungen in der Dichte des Universums – ansonsten entsprachen die statistischen Eigenschaften der Fluktuationen aber perfekt unseren Erwartungen. Auch dieses Problem konnten wir lösen, da uns auffiel, dass sich die Fluktuationen dieses zusätzlichen Teilchens am Ende der ekpyrotischen Phase in

Dichteschwankungen umwandeln ließen. So konnten wir also zeigen, dass es womöglich tatsächlich eine zweite Möglichkeit gibt, die Details der kosmischen Hintergrundstrahlung zu erklären.

Wozu hat dies geführt? Zum einen hatte dieses Resultat die konkrete Folge, dass ich eine dreijährige Forscherstelle in Princeton, USA, bekam. In diesem Sinne war das Resultat ganz hilfreich. Zum anderen wurde klar, dass man genauer hinschauen müsste, um herauszufinden, was im frühen Universum los war. Ich habe schon erwähnt, dass viele Kosmologen skeptisch gegenüber der ekpyrotischen Idee waren, da diese einen Umschwung von der Kontraktionsphase in die derzeitige Ausdehnungsphase voraussetzt, und solch einen Umschwung, auch Rückprall genannt, scheint die Physik nicht zu erlauben. Aber da muss man vorsichtig sein, und das wissen auch die meisten Physiker: Auch wenn es scheint, dass etwas nicht erlaubt ist, so heißt das oft nur, dass man noch nicht genügend daran geforscht hat. Wo ein Wille ist, ist auch oft ein Weg. Also, wenn wir jetzt einfach mal die Frage des Rückpralls kurz ruhen ließen, könnten wir dann eine inflationäre von einer ekpyrotischen Phase unterscheiden?

Es stellt sich heraus: ja – sogar auf zwei verschiedene Arten. Beschreiben wir sie eine nach der anderen. Die erste ist eine direkte Weiterführung der vorherigen Berechnungen. Wenn man die beobachteten Temperaturschwankungen der kosmischen Hintergrundstrahlung aufzeichnet, sich also anschaut, wie viele schwache Schwankungen es gibt, wie viele durchschnittliche und wie viele starke, dann sieht man, dass die beobachteten Werte einer Gaußschen Verteilung folgen.

Eine Gaußsche Verteilung ist die einfachste statistische Verteilung, und sie sieht aus wie eine Glocke. Grob gesehen gibt es demnach wenige schwache Schwankungen, viele durchschnittliche und wenige starke. Mit der Zeit werden die Beobachtungen dieser Strahlung aber immer präziser, sodass man erwarten kann, dass man eines Tages Abweichungen von einer solchen

Gaußschen Kurve messen kann. Bislang ist dies nicht gelungen – mit der heutigen Präzision folgt die Verteilung immer noch genau dieser spezifischen Glockenform.

Doch was sagen die theoretischen Modelle dazu? In der Inflationstheorie ist es so, dass man tatsächlich erwartet, dass die Verteilung der Gaußschen Glockenform sehr nahe kommt. Das hat damit zu tun, dass die Ausdehnungsenergie während der inflationären Phase praktisch konstant bleibt (mit anderen Worten: Die »Düne« muss eine sehr flache Form aufweisen). Im ekpyrotischen Modell ist dies hingegen anders.

Als ich in Princeton ankam, war dies mein erstes Projekt – nämlich, die statistischen Abweichungen von einer Glockenform im ekpyrotischen Modell auszurechnen. Dabei kam heraus, dass diese Abweichungen typischerweise recht groß sein sollten. Eigentlich so groß, dass man sie schon hätte beobachten sollen. Damit ist das Modell zwar nicht hundertprozentig widerlegt, aber dieses Resultat hat das Modell weniger glaubwürdig gemacht. Es gibt Varianten, an denen man basteln kann, damit sich die Abweichungen von der Glockenform größtenteils ausgleichen, aber ganz natürlich wirken diese nicht. Zusammen mit den Schwierigkeiten, ein glaubwürdiges Modell eines Rückpralls zu entwickeln, lässt dies die meisten Kosmologen (mich inklusive) skeptisch gegenüber diesem Modell sein. So kommt die Wissenschaft voran – oft dadurch, dass man herausfindet, was es alles *nicht* geben kann.

Obwohl das ekpyrotische Modell die frühen Temperaturschwankungen also weniger gut erklären kann, ist dies natürlich nicht automatisch ein Beweis für das Inflationsmodell. Gibt es noch weitere Indizien, die uns klarer zeigen könnten, was im frühen Universum passiert ist? Damit kommen wir zur zweiten Art, die beiden genannten Modelle zu unterscheiden. Das Motto der Relativitätstheorie ist ja, dass Raum, Zeit und Materie eng miteinander verknüpft sind. Wenn es also Fluktuationen im Inflaton gibt, so folgen daraus, wie beschrieben, Fluktuationen in der

Ausdehnung des Universums zusammen mit Fluktuationen in der Dichte der Materie. Diese Dichtefluktuationen verwandeln sich eins zu eins in die Temperaturschwankungen, die man in der kosmischen Hintergrundstrahlung sieht. Das ist aber noch nicht alles: Die Fluktuationen in der Ausdehnung sind ja Fluktuationen des Raums. Und solche verbreiten sich auch, und zwar als Gravitationswellen. Wir haben schon davon gesprochen, dass kollidierende Schwarze Löcher solche Wellen des Raums erzeugen können. Es braucht also ein sehr intensives Ereignis, um solche Wellen zu produzieren. Die inflationäre Phase ist dazu in der Lage. Die Ausdehnung ist bei der Inflationsphase so extrem, dass auch kleine Fluktuationen des Raums (die wegen der Unschärfe notgedrungen existieren) verstärkt werden und durchs Universum fliegen. Falls eine inflationäre Phase stattfand, muss es also auch Gravitationswellen aus dem frühen Universum geben.

Leider ist es so, dass diese Gravitationswellen in der Zwischenzeit sehr abgeschwächt sind, denn sie wurden (falls es sie gibt) durch die enorme Ausdehnung des Universums verdünnt. Theoretische Berechnungen zeigen zudem, dass es ein großes Spektrum an möglichen ursprünglichen Stärken dieser Wellen gibt. Bislang wurden solche Wellen aus dem frühen Universum noch nicht entdeckt, und das Problem ist, dass sie viel schwächer sein können als das, was zurzeit gemessen werden kann. Dass sie noch nicht entdeckt wurden, zeigt also nicht, dass es sie nicht gibt. Ihre Entdeckung wäre jedenfalls ein klarer zusätzlicher Hinweis, dass die Idee einer Inflationsphase stimmt. Denn diese Wellen sind charakteristisch für eine rasante Ausdehnungsphase. Im Gegensatz dazu produziert eine ekpyrotische Phase keine Gravitationswellen, weil sich das Universum während einer solchen Phase nur langsam zusammenzieht. Urgravitationswellen wären demnach ein entscheidender Beweis für die Inflation. Aber wer weiß, wie viel präziser unsere Gravitationswellendetektoren noch werden müssen, bis man solche finden (oder ausschließen) kann?

Jetzt habe ich ausschließlich von zwei Modellen geredet, dem inflationären und dem ekpyrotischen. Aber könnte nicht etwas ganz anderes im frühen Universum stattgefunden haben? Natürlich sollte man diese Möglichkeit nicht aus den Augen lassen. Folgendes sollte man aber bedenken: Diese Modelle erklären schon unglaublich viel.

Man kann zum Beispiel zeigen, dass diese beiden Phasen die einzigen Möglichkeiten sind, die Geschmeidigkeit des frühen Universums dynamisch zu erklären. Dynamisch heißt hier, dass es die Entwicklung des Universums automatisch hervorbringt. Andernfalls müsste es vielleicht so etwas wie eine noch unentdeckte Symmetrie sein, die diese Geschmeidigkeit hervorbringen könnte. Zusätzlich erklärt die inflationäre Phase, wie die Schwankungen in der kosmischen Hintergrundstrahlung aus Quantenfluktuationen erscheinen und verstärkt werden konnten. Und dann gibt es noch einen Hinweis, der zwar etwas schwierig zu erklären, aber eigentlich sehr erstaunlich ist. Ich probiere es mal.

Diese Überlegung hat mit dem Horizont zu tun. Bei unseren Beschreibungen der Relativitätstheorie sind wir Horizonten schon begegnet: Das sind Grenzen, hinter die man nicht sehen kann. Anders gesagt: Es gibt Gegenden im Universum, die so weit von uns weg sind, dass das Licht aus diesen Gegenden uns (wegen der Ausdehnung) nicht erreichen kann. Somit können wir nichts über solche Gegenden wissen – diese können uns auch nicht beeinflussen. Wie weit unser Horizont entfernt ist, hängt von der Ausdehnungsgeschichte des Universums ab und auch vom Zeitpunkt, an dem man ins Universum blickt. Damit meine ich jetzt nicht, ob wir heute Nachmittag oder heute Abend in den Himmel schauen. Eher, ob jetzt oder zum Beispiel vor fünf Milliarden Jahren.

Nun ist es so, dass der Horizont sich nach Beginn des heißen Urknalls (also von dem Zeitpunkt an, an dem das Universum heiß und dicht war) stetig vergrößert hat. Das Universum hat sich zwar ausgedehnt, aber trotzdem konnte man mit der Zeit immer mehr vom Universum sehen. Der Grund: Wenn die Ausdehnung nicht zu schnell erfolgt, sieht man zusehends mehr vom Universum, weil das Licht mehr und mehr Zeit hat, aus fernen Regionen zur Erde zu gelangen.

Drehen wir das Argument kurz um: In der Vergangenheit war der Horizont also kleiner als heute. So kann man zum Beispiel ausrechnen, wie groß der Horizont war, als das Universum durchsichtig wurde, 380 000 Jahre nach dem heißen Urknall. Das Resultat: In Abbildung 15 der kosmischen Hintergrundstrahlung (im Bildtafelteil) sehen wir etwa 30 000 Gegenden mit der Größe des damaligen Horizonts. Das heißt, dass dieses Bild aus 30 000 Gegenden besteht, die seit Anfang der heißen Ausdehnungsphase nicht miteinander in Kontakt gewesen sein konnten. Und trotzdem beobachten wir überall dieselbe Durchschnittstemperatur sowie Temperaturschwankungen mit denselben statistischen Merkmalen. Das ist völlig überraschend!

Falls es aber eine Inflationsphase genau vor dieser heißen Ausdehnungsphase gab, ist das Rätsel gelöst. Denn durch die rasante inflationäre Ausdehnung konnten über große Gegenden hinweg dieselben Bedingungen geschaffen werden. Und das trifft auch auf die Quantenfluktuationen, die in dieser Phase verstärkt wurden, zu. Eine Inflationsphase lässt uns also verstehen, warum solch ähnliche Bedingungen schon hinter dem Horizont bestanden und wie es möglich war, dass genau die richtigen Dichtefluktuationen schon hinter dem (sich stetig vergrößernden) Horizont warteten, um sich zum entsprechenden Zeitpunkt zu zeigen.

Eine ekpyrotische Phase könnte dieses Phänomen ebenfalls erklären. In der langsamen Kontraktionsphase stand genügend Zeit zur Verfügung, um über große Regionen hinweg dieselben Bedingungen zu schaffen, und das gilt wiederum auch für die dazugehörigen Quantenschwankungen. Da wir aber jetzt wissen, dass die Details dieser Fluktuationen nicht so gut mit den Beobachtungen zusammenpassen, schieben wir diese Möglichkeit jetzt mal zur Seite.

Dass eine inflationäre Phase sogar Quantenfluktuationen auf »Überhorizontgröße« ausdehnen kann, ist der springende Punkt. Nehmen wir mal an, das frühe Universum war überall sehr ähnlich – wegen irgendeiner anderen Ursache. Zum Beispiel können wir uns vorstellen, dass es eine Symmetrie gab, aufgrund derer überall dieselben Bedingungen herrschten. Und diese Symmetrie wurde dann auf noch unerklärte Art zerstört, als das Universum sich ausdehnte. So etwas würde nicht zu denselben Dichtefluktuationen führen wie die, die von der Inflationsphase erschaffen werden. Der kritische Effekt hat damit zu tun, dass die inflationären Fluktuationen ganz klein beginnen und dann durch die extreme Expansion auf Überhorizontgröße gedehnt werden. Sobald sie größer als der Horizont sind, frieren sie ein. Sie sind mit sich selbst nicht mehr in Kontakt – das ist so, als wüsste unser Kopf nicht mehr, dass wir auch Füße haben, weil beides auf einmal zu weit voneinander entfernt ist.

Die Fluktuationen bleiben eingefroren, bis der Horizont in der heißen Ausdehnungsphase so viel gewachsen ist, dass die Fluktuationen wieder »auftauen«. Fluktuationen verschiedener Größen tauen demnach sukzessiv auf, die kleineren früher und die größeren später. Ab diesem Zeitpunkt des Auftauens entwickeln sich die Fluktuationen weiter.

Dieses Einfrieren und Auftauen führt zu ganz spezifischen Merkmalen in der statistischen Verteilung der Temperaturschwankungen in der kosmischen Hintergrundstrahlung. Für die, die es genauer wissen wollen: Bei einer festgelegten Wellenlänge (sprich, bei einer festgelegten Größe am Himmel) sind die Urschwankungen so verteilt, dass sie statistisch einer Glockenkurve entsprechen. Die Höhe dieser Glockenkurve kann aber variieren. In diesem Fall hängt die Höhe vom präzisen Zeitpunkt des Auftauens ab. Diesen Zeitpunkt kann man genau berechnen, und daraus ergibt sich eine ganz präzise Vorhersage – welche

Analysen der kosmischen Hintergrundstrahlung mit großer Genauigkeit bestätigt haben. Das Wichtige ist, dass man diese Merkmale nicht erhalten würde, wenn die Fluktuationen in der heißen Ausdehnungsphase selbst erschaffen worden wären. Die Fluktuationen *mussten* schon vorher in Überhorizontgröße präpariert worden sein. Das ist ein sehr starkes Argument für die Gültigkeit der Inflationstheorie.

Falls eine Inflationsphase stattgefunden hat, wirft dies natürlich gleich weitere Fragen auf: Wie hat diese angefangen? Und was war davor? Diese Frage ist ja sowieso die Leitfrage aller Historiker inklusive der Kosmologen. Doch diskutieren wir zunächst die erste Frage.

So viel ist klar: Eine Inflationsphase erfolgt nicht automatisch. Nicht einmal, wenn ein entsprechendes Inflaton existiert, mit einem entsprechenden Potenzial (Düne). Einige Bedingungen müssen nämlich erfüllt sein. Das Inflaton muss sich oben auf der Düne befinden. Doch wie kommt es dahin? Und es muss eine geringe Geschwindigkeit haben, da es sonst zu schnell die Düne hinunterpurzeln und die Inflationsphase zu kurz ausfallen würde. Zusätzlich müssen diese Bedingungen über einen relativ großen Raum hinweg erfüllt sein; es reicht nicht, wenn diese Bedingungen nur an einem winzigen Ort gelten, denn dann bremsen benachbarte Gegenden die Inflationsphase ab.

Die Inflationsphase hat ja die wesentliche Aufgabe, ähnliche Bedingungen über große Gegenden des frühen Universums hinweg zu schaffen. Wie wir jetzt sehen, muss aber schon eine ähnliche Bedingung erfüllt sein, damit die Inflationsphase überhaupt startet. Freilich geht es beim Anfang der Inflationsphase um eine viel kleinere Region des Universums, aber trotzdem ist das etwas komisch. Falls das Universum vor der Inflation sehr chaotisch war, scheint es schwierig, dass die Inflationsphase überhaupt in Gang kommt.

Wir kommen also zwangsläufig zu der Frage, was denn vor der Inflation los war. Denn wenn wir das nicht wissen, können wir nicht verstehen, wie die Inflationsphase zustande kommen konnte, und dann können wir nicht verstehen, wie heiße, dichte Materie entstand und warum das Ganze sich wie im heißen Urknallmodell ausgedehnt hat. Sie sehen schon – um wirklich zu begreifen, warum das Universum so ist, wie es ist, müssen wir dessen Anfang verstehen.

Randlos glücklich

Jedes Mal, wenn wir eine Evolutionsphase des Universums beschreiben, müssen wir auch angeben, wie sie begann. Stellt man sich dies grafisch vor, so ist der Anfang einer Phase wie eine Abgrenzung zur vorherigen Phase. Es ist also ein Rand. Daher nennt man die Bedingungen ganz am Anfang auch *Randbedingungen*. Jedes Mal, wenn wir eine vorherige Phase beschreiben, müssen wir also deren Randbedingungen angeben. Diese bestimmen, was anschließend passiert.

Hier sind wir nun beim Hauptunterschied zwischen der Kosmologie und allen anderen Naturwissenschaften, eigentlich beim Kern der Kosmologie angelangt. Führt man ein Experiment in einem Labor durch, so sind die Randbedingungen von außen gegeben. Die Person, die das Experiment aufbaut, bestimmt die Bedingungen, zum Beispiel die Temperatur oder den Druck oder wann etwas Bestimmtes passieren soll. Dies ist eigentlich immer der Fall in der Chemie, in der restlichen Physik, ja auch in der Biologie. Im letzteren Fall sind die Randbedingungen die Erde, deren Beschaffenheit und Klima usw. In all diesen Situationen werden die Randbedingungen von außen festgesetzt.

Vergleichen wir dies nun mit dem Universum: In der Kosmologie sind wir selbst im Experiment drin! Es gibt kein Außen. Was auch immer die Randbedingungen sind, wir können nicht damit experimentieren. Wir können sie nicht ändern, um zu schauen, wie das Universum sich dann so entwickelt. Wir haben nur dieses eine Experiment und befinden uns auch noch mittendrin. Das macht die Kosmologie einzigartig, und das macht sie auch einzigartig schwierig.

Kommen wir noch mal konkret auf unsere Frage zurück: Was waren denn die Randbedingungen des Universums? Nehmen wir an, wir kennen die Randbedingungen für die Inflationsphase. Dann war wohl auch etwas vorher, und wir müssen die entsprechenden Randbedingungen für diese weitere Phase kennen. Und immer so weiter.

Hier hatte Stephen Hawking eine äußerst elegante Idee. Er hat die Frage gestellt:

Was wäre, wenn das Universum
keinen Rand hätte?

Gäbe es keinen Rand, müsste man auch keine Randbedingungen angeben! Gewissermaßen wären die Randbedingungen dann die, dass das Universum keinen Rand hätte. So entstand die Idee des *randlosen Universums*, auf Englisch *no-boundary proposal.* Doch wie geht das? Ist es überhaupt möglich, dass das Universum keinen Rand besitzt?

Unsere Erde ist hierfür ein gutes Beispiel. Wir können beliebig auf der Erde rumlaufen, ohne an einen Rand zu stoßen – weil sie eine Kugel ist. Bei einer flachen Erde wäre das anders: Da würde man einem Rand begegnen (daher auch die mittelalterliche Angst, mit dem Schiff hinter dem Horizont von der Erde zu fallen …). Aber dadurch, dass die Erdoberfläche abgerundet ist, hat sie keinen Rand. Die Idee des randlosen Universums ist dann die, dass es sich bei der Geometrie des Universums so ähnlich verhält, nämlich dass das Universum abgerundet ist. Sehen Sie sich hierzu Abbildung 17 im Bildtafelteil an. Wenn Sie dieses Bild betrachten, bedenken Sie dabei, dass es sowohl eine Entwicklung in der Zeit als auch im Raum darstellt.

Für eine vereinfachte Veranschaulichung wird nur eine Raumdimension gezeigt. Diese ist zudem kreisförmig – das muss so sein, wegen der Abrundung. Hierzu später mehr. Die beiden weiteren Raumdimensionen, die es im richtigen Universum natürlich gibt, verhalten sich ähnlich, daher habe ich sie weggelassen (auch weil es schier unmöglich ist, eine vierdimensionale Geometrie zu zeichnen). Die Grafik zeigt, wie der Kreis sich mit der Zeit vergrößert; das entspricht der Ausdehnung des Universums.

Gehen wir nun in der Zeit zurück. Der Kreis wird dabei immer kleiner. Im ursprünglichen Urknallmodell (linke Grafik) gelangt man so an einen Punkt, bei dem die Dichte unendlich wird – eine Singularität. Übrigens ist diese Singularität auch wie ein Rand, nur einer, der unendlich gekrümmt ist. Dagegen ist Hawkings Idee die, dass das Universum zwar auf die Größe null schrumpft, dies aber tut, ohne eine Singularität zu bilden. Die Geometrie ist einfach abgerundet, ganz ähnlich wie die Oberfläche eines Fußballs (rechte Grafik). Sie ist aber nicht nur im Raum abgerundet, sondern auch in der Zeit. Auf diese Art entsteht keine Singularität, und eigentlich sind alle Punkte in der abgerundeten Gegend gleichwertig, genau wie bei einem Ball. Der Urknall wird also durch diese abgerundete Geometrie ersetzt. Randbedingungen brauchen wir keine, außer dass sich alles so verhalten muss, dass eine Abrundung tatsächlich möglich ist.

Das bringt uns zur nächsten Frage: Kann die Geometrie des Universums überhaupt so abgerundet sein? Was sagt die Relativitätstheorie dazu, denn die bestimmt ja die Krümmung des Universums? Zusammen mit Jim Hartle, einem kalifornischen Physiker, hat Hawking diese Ideen in einer mittlerweile berühmten Arbeit entwickelt. Die beiden konnten zeigen, dass es tatsächlich solche Geometrien gibt – unter gewissen Bedingungen.

Die wichtigste Erkenntnis zuerst: Abgerundete Geometrien gibt es, sie sind aber in der klassischen Relativitätstheorie unmöglich. In der klassischen Theorie würde man automatisch eine Singularität erhalten – aber das wussten wir eigentlich schon, daher stammte nämlich die ursprüngliche Idee des Urknalls. Um ein randloses Universum zu realisieren, muss man über die klassische Relativitätstheorie hinausgehen und sie mit den Prinzipien der Quantentheorie verbinden.

Laut Quantentheorie müssen wir uns alle möglichen Entwicklungen anschauen. Oft sind dann die klassischen Entwicklungen die wichtigsten, und das erklärt, warum Quanteneffekte im Alltag nicht so leicht sichtbar sind. Doch was passiert, wenn es keine klassischen Entwicklungen gibt? Dann können auf einmal andere, in der klassischen Physik unmögliche Entwicklungen eine prominente Rolle spielen. Genau so verhält es sich hier.

Die Abrundung in der Zeit macht den Unterschied. In der klassischen Relativitätstheorie ist solch eine Abrundung unmöglich (wobei eine Abrundung des Raums problemlos vorstellbar ist). Es ist sogar so, dass dies nur geht, wenn die Zeit sich sozusagen in Raum umwandelt. Vielleicht besser gesagt: Beim randlosen Universum bildet sich zuerst ein abgerundetes Gebilde mit vier Raumdimensionen. Wenn diese groß genug sind (wie groß, hängt von der Energiedichte ab), wandelt sich eine Raumdimension in die Zeit um, und das Universum entwickelt sich fortan auf die bekannte Weise. In der klassischen Relativitätstheorie geht das nicht, aber in der »Quanten-Relativitätstheorie«, wie wir sie nennen könnten, lässt man auch Geometrien zu, die Zeit und Raum vermischen können.

Dieser Anfang als purer, abgerundeter Raum (ohne Zeit) ist ein Quanteneffekt. So beschreibt die »Ballhälfte« die Entstehung des Universums aus dem Nichts.

Das randlose Universum beschreibt die Entstehung von Raum, und dann Zeit, aus dem Nichts.

Demnach ist das Universum ganz in sich verschlossen – das Universum ist einfach da. Es hat sich nicht aus einer vorherigen Phase umgewandelt, es gibt kein »Außerhalb« und auch kein »Davor«. Wenn kein Raum und keine Zeit vorhanden sind, gibt es auch kein Universum. Gäbe es etwas Zusätzliches, hätten wir wieder einen Rand zwischen diesem Zusätzlichen und unserem Universum, und das würde dem Vorschlag des randlosen Universums widersprechen. Übrigens nennt man einen Effekt, den es in der klassischen Physik nicht gibt, der aber in der Quantentheorie erlaubt ist, auch oft einen Quantensprung. Ursprung und Quantensprung werden in diesem Fall zum

Ur-Quantensprung.

Aber diskutieren wir noch etwas präziser, unter welchen Bedingungen diese Abrundung, die ja als Konsequenz die Umwandlung von einer Raum- in eine Zeitdimension hat, bestehen kann. Es stellt sich heraus, dass eine solche Abrundung die möglichen Entwicklungen des Universums sowie die möglichen Materiearten im frühen Universum stark einschränkt. Und genau das wollen wir – denn so können wir die Idee testen.

Den Punkt, der sich ganz »unten« in der abgerundeten Geometrie befindet, nennt man üblicherweise den »Südpol« der Geometrie. Das ist der Ort, an dem man keine Singularität haben will, sondern diese geschmeidige Abrundung. Es stellt sich heraus, dass das Vermeiden einer Singularität mit sich bringt, dass die übliche Materie sowie die Dunkle Materie und auch noch die Strahlung (also das Licht) an diesem Punkt null sein müssen. Sobald man sich von diesem Punkt entfernt, können Materie und Strahlung anwesend sein, aber nicht am Südpol. Was aber da sein kann, sind higgsartige Materie und Dunkle Energie (die ja ohnehin eng miteinander verwandt sind). Das bedeutet, dass genau die Materie, die man für eine Inflationsphase braucht, erlaubt ist. Ja, stärker noch:

Ein randloses Universum beginnt automatisch mit einer Inflationsphase.

Vorhin wollten wir die potenziell unendliche Reihenfolge immer früherer Randbedingungen abkürzen und einen Anfang des Universums beschreiben. Jetzt sehen wir, dass wir automatisch Anfangsbedingungen erhalten, welche eine Inflationsphase verwirklichen. Löst dies nun alle Fragen? Wie so üblich ist die Antwort: »Ja, aber …«, weil wieder neue Fragen aufgeworfen werden. Wir müssen noch etwas tiefer in die Details eintauchen.

Wenn eine Idee in der Physik zu funktionieren scheint, ist der nächste Schritt immer der, den Anwalt des Teufels zu spielen, um die Idee auch richtig auf die Probe zu stellen. Deswegen wird man als Referent bei technischen Physikvorträgen auch häufig »gegrillt« – das sollte man am besten als Kompliment betrachten, da es bedeutet, dass das Publikum die vorgetragenen Ideen ernst nimmt. In diesem Sinne schauen wir uns die Folgen der Idee eines randlosen Universums näher an.

Dass das Universum mit einer Inflationsphase beginnt, heißt nicht zwingend, dass wir aus diesem Modell die ganze Geschichte des Universums herauslesen können. Der Inflationsphase könnte ja etwas Neues folgen und nicht unbedingt die heiße Urknallphase. Das Universum könnte sich vielleicht sogar wieder zusammenziehen (dass dies möglich ist, konnten wir in meiner Forschungsgruppe nachweisen). Das Gute an der Idee ist, dass der randlose Ursprung ein Quanteneffekt ist. Das bedeutet nämlich, dass wir dessen Wahrscheinlichkeit ausrechnen können. Besser gesagt, wir können die Wahrscheinlichkeiten verschiedener möglicher Geschichten des Universums miteinander vergleichen. Das Problem dabei ist aber, dass wir nicht wissen, wie viele higgsartige Teilchen es in der Natur gibt und wie deren Potenziale aussehen. Daher wissen wir nicht genau, welche Möglichkeiten es so alles gibt – all diese higgsartigen Teilchen können (prinzipiell) die Entwicklung des Universums bestimmen. Sobald man herausfinden wird, wie die Eigenschaften aller higgsartigen Teilchen sind, wird man das ausrechnen können. Es könnte aber durchaus noch viele Jahrzehnte dauern, bis die Teilchenphysik so weit fortgeschritten ist. Zurzeit können wir also nur Modelle aufstellen und fragen: »Was wäre, wenn …?« Das allein ist aber auch schon sehr lohnend. Glücklicherweise stellt sich heraus, dass es ein paar allgemeine Konsequenzen gibt, die nicht so stark von noch ungewissen Details abhängen.

So kann allgemein festgestellt werden, dass kompliziertere Geschichten tendenziell unwahrscheinlicher sind als einfachere. Sprich, eine einzige Inflationsphase ist deutlich wahrscheinlicher als mehrere, von anderen Phasen unterbrochene, Inflationsphasen. Ein weiteres allgemeines Resultat zeigt, dass alle Quantenfluktuationen mit einer minimalen Unschärfe starten (was danach passiert, kann man nicht generell bestimmen). Das hätte nicht so sein müssen, fällt aber direkt aus der mathematischen Beschreibung heraus.

Noch eine allgemeine Aussage betrifft die räumliche Geometrie der produzierten Universen (ich spreche jetzt von einer Mehrzahl an Universen, weil wir im Kopf verschiedene Möglichkeiten miteinander vergleichen; ob es wirklich mehrere Universen gibt, wissen wir nicht). Die Geometrie nahe am Südpol ist abgerundet, was automatisch eine gewisse räumliche Krümmung mit sich bringt. Doch diese Krümmung könnte an unterschiedlichen Orten unterschiedlich stark ausfallen. In dem Fall wäre das frühe Universum eventuell sehr inhomogen und anisotropisch (also sehr unterschiedlich gekrümmt an unterschiedlichen Orten und in verschiedenen Richtungen). Doch dem ist nicht so: Die Geometrie, die bei Weitem am wahrscheinlichsten ist, zeigt überall exakt die gleiche Krümmung. Und je anisotropischer, desto unwahrscheinlicher.

All dies passt erstaunlich gut zu den Anfangsbedingungen, die man sich für eine erfolgreiche Inflationsphase wünscht. Einen Haken gibt es aber doch: Es stellt sich heraus, dass kürzere inflationäre Phasen wahrscheinlicher sind als längere. Anders gesagt, man erhält eine größere Wahrscheinlichkeit, wenn das Inflaton am Anfang tiefer auf seinem Potenzial (auf seiner Düne) sitzt. Das ist ein Problem, denn kurze Inflationsphasen verdünnen die ursprüngliche Krümmung (die wegen der Abrundung zwangsläufig präsent ist) nicht genügend. Hier geht es jetzt nicht mehr darum, dass die Krümmung an unterschiedlichen Orten unterschiedlich stark sein könnte. Vielmehr ist das Problem, dass die Krümmung, auch wenn sie überall gleich ist, einfach insgesamt zu groß ausfällt.

Um dies besser zu verstehen, stellen Sie sich einen Tischtennisball vor. Wenn Sie eine Ameise wären und auf ihm herumlaufen könnten, würden Sie eine starke Krümmung bemerken. Nun stellen Sie sich vor, der Ball wird aufgeblasen, sagen wir zur Größe eines Tennisballs. Dann ist die Krümmung schon geringer. Wird der Ball viel größer, sagen wir so groß wie ein Medizinball, dann können Sie als Ameise die Krümmung schon fast nicht mehr bemerken. Auf der Erde ist es ja auch so: Obwohl die Erde kugelförmig ist, bemerken wir die Krümmung auf der Erdoberfläche nicht, eben weil die Erde so groß ist.

Aber zurück zur Inflation: Die Abrundung am Südpol bringt mit sich, dass das Universum wie die Oberfläche eines Balls gekrümmt ist, nur mit drei anstelle von zwei Raumdimensionen. Wird diese Krümmung nicht ausreichend verdünnt, kann das Universum sich später nicht so ausdehnen, wie wir es beobachten. Bei einer kurzen Inflationsphase müssten wir die Krümmung auch heutzutage noch messen können, das tun wir aber nicht. Kosmologische Beobachtungen zeigen, dass die räumliche Krümmung heute sehr klein ist.

Als weiteres Problem einer zu kurzen Inflationsphase kommt hinzu, dass zu wenige Dichteschwankungen produziert werden. Das ist schade, denn alles andere funktioniert prima. Aus der Idee eines randlosen Universums erhalten wir also alle Eigenschaften, die wir brauchen, nur dass die Inflationsphase zu kurz ausfällt. Wir werden bald auf dieses Thema zurückkommen, denn es gibt mittlerweile vielleicht schon eine Lösung des Problems.

Aber kommen wir nochmals auf die zentrale Idee zu sprechen: den Ur-Quantensprung. Der Vorschlag, dass die Geometrie des Universums in der Vergangenheit keinen Rand aufweisen darf, hat gleich mehrere Folgen. Er vermeidet automatisch eine Singularität, das heißt den »traditionellen« Urknall. Weil dann nichts unendlich wird, hat dies den Vorteil, dass man auch nicht die Kontrolle über die Berechnungen verliert. Aber es ist mehr als das: Eine Unendlichkeit in der Physik führt immer zu Problemen, wie wir ja auch schon diskutiert haben. Hier haben wir eine Theorie, die eine Unendlichkeit gar nicht entstehen lässt. Oder, vielleicht noch besser gesagt: Die Wahrscheinlichkeit einer Unendlichkeit ist strikt null.

Eine unerwartete Konsequenz dieser Vermeidung einer Unendlichkeit besteht darin, dass im Universum zuerst nur Raum vorhanden ist. Und eigentlich darf ich dann auch »zuerst« gar nicht sagen. Also beschreiben wir es jetzt mal räumlich: Das Universum sieht in der Nähe des Südpols wie die Oberfläche eines halben Fußballs aus. Warum halb? Weil ein Ball auf halbem Weg von einem Punkt zur entgegengesetzten Seite am größten ist. Dort, wo dieser Ur-Ball seine größte Ausdehnung erreicht (und wieder kleiner werden würde, falls man mit der Ballgeometrie fortfahren würde), dort fängt die Zeit an. Das bedeutet, dass von dem Moment an, wo man von Zeit (und daher von Entwicklung) reden kann, das Universum schon eine gewisse Größe hat. Wie groß? Es stellt sich heraus, dass das Universum zu diesem initialen Zeitpunkt genau die Größe des Horizonts hat. Und diese

Größe hängt wiederum von der gesamten Energiedichte der higgsartigen Teilchen ab. In realistischen Modellen gibt es ein ziemlich breites Spektrum an möglichen Werten, aber allesamt entsprechen diese Werte einer Initialgröße, die kleiner als die Ausdehnung eines Atomkerns ist.

Laut dem Modell des randlosen Universums war die ursprüngliche Größe des Universums also winzig, aber nicht gleich null. Und die Krümmung war stark, aber nicht unendlich. Es gibt ja die Redewendung: »Kommt Zeit, kommt Rat.« Da können wir jetzt noch einen Spruch davorstellen:

Kommt Raum, kommt Zeit.

Zu dem Zeitpunkt, an dem die Zeit beginnt, hat das Universum also die Größe eines Horizonts. Das ist plausibel: Der Horizont ist die charakteristische Größe, über die man kommunizieren kann. Ab diesem Zeitpunkt dehnt sich das Universum dann in einer inflationären Phase aus. Wie lange diese dauert, hängt von den Details ab, wie wir schon gesehen haben. Ich möchte aber an dieser Stelle noch einen anderen Aspekt hervorheben: In diesem Modell eines randlosen Universums kann man also prinzipiell nicht weiter in die Vergangenheit zurückschauen als bis zu diesem initialen Zeitpunkt. Warum?

Zunächst erinnern wir uns, dass wir nicht weiter zurücksehen können als die kosmische Hintergrundstrahlung, die etwa 380 000 Jahre später ausgesandt wurde. Aber es ist eine Frage des Prinzips – hätten wir zum Beispiel unglaublich gute Detektoren für Gravitationswellen, könnten wir dann auch damit nicht weiter zurückschauen? Und was würden wir sehen, falls wir es versuchten?

Nun, es stellt sich heraus, dass die Quantentheorie sich selbst schützt. Die Entstehung des Raums aus dem Nichts ist ein purer

Quanteneffekt. Ihm entspricht keine klassische Entwicklung, wie wir es gewohnt sind. Man kann zeigen, dass das Universum sich erst klassisch verhält, wenn es größer als der Horizont zu diesem Zeitpunkt (nennen wir ihn den Ur-Horizont) wird. Geht man in Gedanken in der Zeit zurück und auf diesen Anfang zu, so kann man ausrechnen, dass die Unschärfe zunimmt. Und hier meine ich nicht nur die Unschärfe in einigen winzigen Quantenfluktuationen. Nein, eher die Unschärfe im Raum selbst. Die Unschärfe wird beim Ur-Quantensprung so groß, dass man nichts weiter über den Anfang erfahren kann. Alles, was wir messen können, entsteht erst ab der Zeit, in der das Universum schon größer als der Ur-Horizont war. So ist nicht nur die Geometrie des randlosen Universums in sich selbst verschlossen, sondern die Philosophie des Modells ebenso.

Es ist schwer zu erraten, ob sich Hawking und Hartle der Reichweite ihres Modells von Anfang an bewusst waren. Aber es stellt sich heraus, dass es tatsächlich die beste und meines Erachtens auch die einzige konsistente Beschreibung der Entstehung des Universums darstellt. Freilich gibt es alternative Vorschläge, aber die scheinen mir ausnahmslos mit physikalischen und/oder mathematischen Problemen verbunden zu sein. Und falls sich herausstellen sollte, dass diese Beschreibung doch nicht zutrifft, dann zeigt sie zumindest, wie Quantentheorie und Relativitätstheorie zusammenarbeiten können, um den Ursprung von Raum und Zeit zu ermöglichen. Mir scheint, als hätten Hawking und Hartle hier etwas Tiefgründiges entdeckt.

Dies ist der richtige Ort, um ganz kurz von meinen persönlichen Erfahrungen mit den beiden zu berichten. Jim Hartle war weniger bekannt, er war aber ein Vorreiter der Erforschung von Quanteneffekten in der Kosmologie: ein äußerst netter, manierlicher, freundlicher und bescheidener Mensch – was bei theoretischen Physikern nicht immer der Fall ist. Er stammte zwar aus Kalifornien, war aber immer wie ein Banker gekleidet. Dabei war er gar nicht förmlich, ganz im Gegenteil. Er hat immer darauf geachtet, dass auch junge Physiker mit in die Diskussionen einbezogen wurden und dass die alten, berühmten Physiker die jungen nicht ignorierten. Eine typische Anekdote: Ich war auf einer Konferenz in Cambridge, bei der auch Steven Weinberg (Nobelpreisträger und Spezialist für Teilchenphysik) anwesend war. Weinberg hat nur mit den anderen berühmten Professoren geredet. Da hat Jim ihn am Arm genommen und zu uns jüngeren Physikern herübergezogen: »*Come, Steven, say hi to our young colleagues* …«

Über Stephen Hawking brauche ich wohl nicht viel zu erzählen, er ist ja zweifellos der bekannteste Physiker seiner Zeit gewesen. Auch seine Vorliebe, seine Berühmtheit zu genießen, ist reichlich dokumentiert. Ich habe dies bei einer Konferenz für seinen sechzigsten Geburtstag miterleben können – da waren nicht nur bekannte Physiker aus aller Welt anwesend, sondern auch The Edge, der Gitarrist von U2, und eine Marilyn-Monroe-Imitatorin, die gesungen hat – das ist nicht so der Standard bei Physikertreffen.

Ich werde nur ein paar persönliche Eindrücke schildern. Ich hatte das Glück, zwei Jahre lang in Stephens Kosmologiegruppe forschen zu dürfen. Was mich immer erstaunt hat, war, wie aktiv er in dieser Gruppe war. Ich hatte erwartet, ihn selten zu sehen, aber er war fast jeden Tag da. Kurz nachdem ich ankam, musste ich einen Vortrag über meine Arbeiten halten. Aufgeregt war ich ohnehin schon, es war schließlich meine erste Stelle. Eine Minute vor Beginn des Vortrags kam Stephen dann hereingerollt und platzierte sich noch vor die erste Reihe, kaum zwei Meter von mir entfernt. So aufgeregt war ich selten. Später wurde mir klar, dass er das immer so zu tun pflegte – er wollte stets wissen, was die Leute in der Gruppe machten.

Und dabei hat er auch immer Fragen gestellt, praktisch bei allen Vorträgen. Wenn Stephen eine Frage stellen wollte, hat das eine Weile gedauert. Er musste jedes Wort einzeln auf seinem Sprachcomputer suchen, und dann konnte er den Satz abspielen.

Man wusste nie, wann der Satz denn kommen würde. So haben regelmäßig andere Leute schon mit Reden angefangen, und auf einmal kam Stephens Frage. Man musste dann ganz schnell hinhören, sonst hatte man sie verpasst …

Auch ging der Sprachcomputer manchmal unabsichtlich los. Zu dieser Zeit kontrollierte Stephen ihn mithilfe eines Muskels in seiner Wange, und da konnte dieser Muskel wohl auch mal unbeabsichtigt zucken. Dann wusste man nicht, ob das jetzt ein tatsächlicher Kommentar war oder nur ein Versehen. (Und Witze erlaubte er sich auch noch gern.) Weil das mit dem Sprechen so kompliziert war, waren Stephens Aussagen sowieso immer kurz, und man hatte öfter den Eindruck, das Orakel von Delphi hätte gerade gesprochen. Jedenfalls war seine Stimme unheimlich markant, wenn man sie live hörte – ich weiß nicht, wie es anderen erging, aber wenn ich diese Stimme hörte, waren meine anderen Gedanken immer direkt weg, die Stimme hat meine volle Aufmerksamkeit beansprucht. Stephen war sich dessen wohl auch bewusst, denn obwohl es deutlich neuere Sprachcomputer mit »besseren« Stimmen gab, hat er seine Stimme nie ersetzt.

Kommen wir zurück zum randlosen Universum. Es stellt sich die Frage, wie man denn nun die Quantentheorie konkret formulieren sollte, um die Entstehung des Universums miteinbeziehen zu können. Wohl ist klar (aus Ursachen, die wir im nächsten Kapitel etwas ausführlicher untersuchen werden), dass dies nicht die endgültige Vermählung von Quantentheorie und Relativitätstheorie sein wird, aber zumindest eine aktuelle, praktische Version davon.

Wir haben gesehen, dass man die Quantentheorie (in ihrer Standardform, ohne Gravitationskraft) so formulieren kann, dass man die Wahrscheinlichkeit, dass ein Teilchen von A nach B kommt, errechnen kann, indem man die Wahrscheinlichkeitswellen aller möglichen Wege von A nach B addiert.

Zur Wahrscheinlichkeit, von A nach B zu kommen,
tragen alle möglichen Wege bei.

Nun gibt es aber die Gravitationskraft. Und laut Relativitätstheorie kommt sie zustande, weil Raum und Zeit eine gemeinsame Substanz bilden, die sich krümmen und verformen kann. In diesem Gebilde bewegt sich das Teilchen, und es trägt sogar auch selbst zur Krümmung von Raum und Zeit bei – alles ist miteinander verbunden. Daher müssen wir unsere Definition steigern:

Zur Wahrscheinlichkeit, von A nach B zu kommen,
tragen alle möglichen Entwicklungen des Universums bei.

Das ist schon besser. Nun haben wir alle bekannten Kräfte einbezogen. Doch fängt nicht immer alles am Punkt A an. Es gab ja noch etwas davor und wieder davor usw. Was wir eigentlich erfahren möchten, ist die Wahrscheinlichkeit von verschiedenen heutigen Zuständen des Universums. Also eher Folgendes:

Zur Wahrscheinlichkeit, (von A) nach B zu kommen,
tragen alle möglichen Entwicklungen des Universums bei.

Aber eigentlich möchten wir am liebsten gar nichts über den Anfangspunkt sagen müssen. Denn sonst hätten wir ja eine Randbedingung, und es könnte vorher schon etwas passiert sein. Was uns wirklich interessiert, ist die gesamte Entwicklung mitsamt der Entstehung von Raum, Zeit und Materie. Wie Hartle und Hawking es vorgeschlagen haben, kann man dies erreichen, indem man sich nur Geometrien ohne Rand anschaut. Der Punkt

A fällt dann weg oder, besser gesagt, er ergibt sich von selbst. Diese randlosen Geometrien beschreiben dann den Ur-Quantensprung des Universums. Und um den Prinzipien der Quantentheorie treu zu bleiben, sollten wir natürlich alle möglichen solcher Ur-Quantensprünge des Universums betrachten. So kommen wir zu unserer weitestgehenden Formulierung:

Zu den Wahrscheinlichkeiten verschiedener heutiger Zustände tragen alle möglichen randlosen Entwicklungen des Universums bei.

Das ist ein ganz schöner Brocken, sowohl philosophisch als auch mathematisch. Die Philosophie zuerst: Prinzipiell tragen also alle möglichen Entwicklungen des gesamten Universums dazu bei, wenn ich einen Kaffee trinke. Das klingt (maßlos) übertrieben, nicht wahr? Aber das ist ja nur die absolut umfassendste Beschreibung. In der Praxis verhält sich die Welt auf weit unkompliziertere Weise.

Die Vereinfachung ist verursacht durch die Dekohärenz. Wir haben diesen Effekt schon kurz angesprochen: Wenn viele Elementarteilchen miteinander wechselwirken, so ist das wie eine Messung, und aus den vielen möglichen Resultaten der Quantentheorie reduziert sich die Realität auf ein einziges Resultat. Im Groben verhält sich die Welt dann so, wie die klassische Physik es beschreiben würde. Man könnte auch sagen: Frühere Beobachtungen haben die Realität schon verankert, und daher sehen wir im Alltag auch keine Überlagerung der Möglichkeiten. Ich trinke also auch nur die eine Tasse Kaffee – es ist nicht so, dass es viele Kopien von mir selbst gibt, die viele verschiedene Tassen Kaffee trinken, und ein paar trinken wohl auch noch schwarzen Tee. (Zur Erinnerung: Falls wir im Alltag eine solche Überlagerung der Möglichkeiten sehen möchten, so müssen wir uns anstrengen und die nötigen Bedingungen schaffen, wie im Doppelspaltexperiment; und auch da dürfen wir den Weg der Elektronen nicht messen, sonst haben wir die Überlagerung bereits zerstört.)

Praktisch gesehen bedeutet dies, dass, kurz nach dem Quantensprung aus dem Nichts, nur klassische Entwicklungen wirklich relevant sind für die grobe Beschreibung des Universums. Es reicht eigentlich, den Anfang zu verstehen, denn danach folgt die klassische Entwicklung mit großer Genauigkeit. Damit kein Missverständnis entsteht: Für kleine Systeme gilt das nicht – solange Elementarteilchen nicht oder nur schwach mit benachbarten Teilchen wechselwirken, entwickeln sie sich anhand der Regeln der Quantentheorie und zeigen durchaus zum Beispiel die Effekte der Unschärfe auf.

Gut, wir haben also jetzt festgestellt, dass die Ausdehnung des Universums sich effektiv gesehen klassisch entwickelt, nachdem die Inflationsphase für kurze Zeit in Gang war. Dies bringt uns jetzt zum mathematischen Teil. Denn die konkrete Frage ist folgende: Können wir die Wahrscheinlichkeiten verschiedener Inflationsphasen ausrechnen? Wobei die Wahrscheinlichkeit einer einzelnen Inflationsphase aus der Summe der Wahrscheinlichkeitswellen aller möglichen randlosen Ur-Quantensprünge besteht.

Das auszurechnen, ist, trotz der enormen Dekohärenz-bedingten Vereinfachung, schon kompliziert genug. Seit über vierzig Jahren arbeiten Physiker immer wieder an diesen Rechnungen. Mich haben sie auch mehrere Jahre lang beschäftigt. Das Gute daran: In der ganzen Zeit gab es immer wieder Fortschritte.

Bislang kann aber niemand selbst die vereinfachten Berechnungen allgemein durchführen. Sie müssen noch weiter vereinfacht werden, hauptsächlich indem man nicht alle möglichen Änderungen der Krümmung zulässt, sondern nur bestimmte, repräsentative Änderungen. Daraus kann man aber eine Menge lernen. Ich werde eine solche Rechnung im Folgenden kurz illustrieren.

Dieses Beispiel geht aus Arbeiten mit Neil Turok (dem Professor, der früher gleichzeitig mit mir in Cambridge war) und dessen Student Job Feldbrugge sowie mit meiner Studentin Alice Di Tucci hervor (diese Arbeiten haben wir in den Jahren 2017 bis 2019 durchgeführt). Wir konnten mathematische Methoden anwenden, die sich gut dafür eignen, viele Wellen zu addieren, also genau das, was man bei dieser Art von Rechnung tun muss. (Die Methode heißt Picard-Lefschetz-Theorie, für die, die es genau wissen müssen.) Sehen Sie sich dazu Abbildung 18 im Bildtafelteil an. Diese präsentiert eine grafische Darstellung der Berechnung der Wahrscheinlichkeit für *eine* mögliche Inflationsphase. Jeder Punkt in diesem Bild steht für eine mögliche Entwicklung des Universums, von einem randlosen Anfang bis zur gewählten inflationären Entwicklung. Die Punkte sind so aufgezeichnet, dass die Distanz von der senkrechten Mittellinie hinweg dem Alter des Universums entspricht. Das vereinfachte Modell, das für diese Rechnung genutzt wurde, weist eine Symmetrie in der Zeit auf, sodass das Bild links-rechts-symmetrisch erscheint. Gewissermaßen läuft die Zeit in den Universen links rückwärts ab und in den Universen rechts vorwärts. Das soll Sie aber jetzt nicht stören. Jedenfalls ist es so, dass eine größere Distanz von der senkrechten Mittellinie einem älteren Universum entspricht. Bedenken Sie: Wir wissen ja nicht, wie lange es gedauert hat vom randlosen Anfang bis zum ausgewählten Moment in der Inflationsphase. Wir werden hierfür nur Wahrscheinlichkeiten ausrechnen können und sollten alle möglichen Alter des Universums einbeziehen.

Die Distanz von der horizontalen Mittellinie entspricht der Stärke des Quantensprungs, durch den das Universum aus dem Nichts in seine Existenz springt.

Die hellen Linien entsprechen den wichtigsten Universen, also denen, die am meisten zur Rechnung der Wahrscheinlichkeit beitragen. Und dort, wo sich die Linien kreuzen, befinden sich die dominanten Geometrien. Das sind die Geometrien, die am allermeisten zur Wahrscheinlichkeit dieser Inflationsphase beitragen. Es gibt zwei hiervon, die sich nur dadurch unterscheiden, dass sie in der Zeit gespiegelt sind. In einer realistischen Anwendung würde man nur eines dieser beiden Universen sehen. Diese Berechnung zeigt uns, welche aller möglichen randlosen Geometrien am ehesten zur ausgewählten Inflationsphase beitragen würde. Sie würde auch das wahrscheinlichste Alter des Universums bestimmen.

Eine solche Rechnung muss man nun für verschiedene Inflationsphasen wiederholen, um die Wahrscheinlichkeiten verschiedener solcher Phasen vergleichen zu können. Wenn man dies tut, so erhält man als Resultat, dass in der Tat kürzere Inflationsphasen wahrscheinlicher sind als längere. Man steht also leider wieder vor dem altbekannten Problem, das wir schon beschrieben haben, nämlich dass die Inflationsphase mit großer Wahrscheinlichkeit zu kurz ausfällt.

Doch das ist noch nicht das Ende der Geschichte. Wir haben bislang, man könnte sagen blind, alle möglichen Universen addiert. Wenn man diese Universen näher betrachtet, entdeckt man ein Problem: Manche dieser Universen enthalten eine entscheidende Instabilität, die auftritt, falls es noch zusätzliche higgsartige Teilchen gibt. In den vereinfachten Rechnungen beschreibt man meist nur ein Inflaton-Teilchen, das die inflationäre Phase antreibt. Doch man erwartet, dass es viele solche higgsartigen Teilchen gibt (mehr dazu im nächsten Kapitel). Und es stellt sich heraus, dass diese higgsartigen Teilchen die Stabilität mancher Universen zum Kippen bringen können – sprich: Manche solcher gedachten Universen kann es nicht wirklich geben.

Dies haben zur gleichen Zeit die Gruppe um den Belgier Thomas Hertog (der ein Student von Hawking war) sowie mein kanadischer Mitarbeiter Jérôme Quintin und ich bemerkt. Zusätzlich haben wir festgestellt, dass diese Instabilität immer dann entsteht, wenn die Inflationsphase kurz ist. Wie kurz, hängt von der detaillierten Form des Potenzials (der »Düne«) ab. Dennoch: Schiebt man die instabilen Universen beiseite, so ergibt sich eine Minimaldauer der Inflationsphase. Und zumindest in manchen Beispielen reicht dies, um eine ausreichend lange Inflationsphase im frühen Universum zu erhalten. Somit scheint sich das einzig seriöse Problem der Theorie eines randlosen Universums prinzipiell lösen zu lassen. Ob dies wirklich funktioniert, müssen wir abwarten – dafür werden wir die higgsartigen Teilchen noch besser verstehen müssen.

Aber lassen Sie uns optimistisch sein, und nehmen wir an, dass das Problem einer zu kurzen Inflationsphase (auf die eben beschriebene oder auf eine andere Art) gelöst wird. Abschließend können wir dann fragen: Wie löst das randlose Universum nun die Enigmata des Urknallmodells?

Das größte Problem des Urknallmodells ist die Singularität, bei der alles unendlich wird. Die wird hier clever von der Bedingung der Randlosigkeit umgangen. Ein randloser Anfang beschreibt nicht nur einen Quantensprung aus dem Nichts, sondern entfernt dabei auch noch automatisch die Singularität. Die Krümmung der abgerundeten Geometrie wird nicht unendlich – nein, sie bleibt endlich und wird von der Energiedichte der Higgs-Teilchen bestimmt.

Wir haben auch gesehen, wie, wenn man in der Zeit zurückgeht, die Zeit zum Urknall hin schneller abnimmt, als der Raum im Universum schrumpft. Dieses Problem wird vom randlosen Universum dadurch gelöst, dass schon Raum vorhanden ist, sobald die Entwicklung in der Zeit beginnt. Und zwar hat dieser Raum die Größe des Horizonts. Somit besteht auch kein Rätsel bezüglich der Kausalität.

Dann war da noch die Frage, warum das Universum sich so homogen entwickelt hat, egal wie weit wir ins Universum schauen. Dies wird durch zwei Effekte erklärt: Erstens ist es am wahrscheinlichsten, dass die Inflationsphase überall etwa gleich anfängt. Und zweitens wird die Ähnlichkeit verschiedener Gegenden im Universum während der Inflationsphase beibehalten oder gar noch verstärkt.

Falls eine ausreichend lange Inflationsphase zustande kommt, verstärkt diese auch noch kleine Quantenfluktuationen und bildet so die Dichtefluktuationen, die wir als Temperaturschwankungen in der kosmischen Hintergrundstrahlung sehen und die später Sterne, Galaxien usw. hervorbrachten.

Ich finde, diese Ergebnisse ergeben sehr viel mehr Sinn als die Unendlichkeit des ursprünglichen Urknallmodells. Meiner Ansicht nach ist dies sogar, laut aktuellem Wissensstand, die beste Beschreibung der Entstehung von Raum und Zeit. Aber natürlich sollte man sich immer einen offenen Geist bewahren – wer weiß, vielleicht gibt es ja irgendwann noch bessere Erklärungen.

Zwei Kommentare noch: Erstens ist eine direkte Folge der abgerundeten Geometrie, dass das Universum nicht unendlich groß ist, sondern nur endlich. Die Abrundung funktioniert nämlich nur dann. Wie groß das Universum jetzt am wahrscheinlichsten ist, hängt hauptsächlich davon ab, wie lange die Inflationsphase tatsächlich gedauert hat, und dies hängt ja von den detaillierten Eigenschaften der Higgs-Teilchen ab. Wir können es demnach momentan noch nicht präzise wissen. Nichtdestotrotz ist dies ein weiteres Beispiel dafür, wie das randlose Universum eine Unendlichkeit verhindert.

Und zweitens besteht die Möglichkeit, dass die Idee eines randlosen Universums allgemeiner gilt, als man vielleicht annehmen würde: Durch die Unschärfe, die ja auch fürs ganze Universum gelten muss, ist es möglich, dass wir gar nichts über die weite Vergangenheit erfahren können. Falls das Universum einmal ganz klein war – und alle Beobachtungen bestätigen, dass dies so war–, war die Unschärfe eventuell so groß, dass alles Vorherige verwischt wurde und dass jegliche Informationen über noch frühere Phasen verloren gingen. Etwa so wie beim Spin der Elektronen, wenn man ihn um eine neue Achse misst. In dem Fall könnte das randlose Universum eine effektive Beschreibung darstellen, die den aus der Unschärfe resultierenden Quantensprung ins derzeitige Universum beschreiben würde. Es wäre interessant zu wissen, ob man in solch einem Fall den Unterschied zu einem Quantensprung aus dem Nichts durch Beobachtungen in Erfahrung bringen könnte oder ob dies prinzipiell unmöglich wäre, also ob die beiden Beschreibungen tatsächlich exakt gleich wären. Das wäre ein gutes Thema für weitere Forschungen.

Vorwärts in die Vergangenheit

Lassen wir den Anfang des Universums für den Moment hinter uns und wenden unsere bisherigen Erkenntnisse auf unsere tagtäglichen Erfahrungen an. Sie werden sich erinnern: Das Doppelspaltexperiment zeigt, dass es eine Überlagerung möglicher Wege eines Elektrons gibt. Dazu kommt, dass man den Aufprallort des Elektrons an der Leinwand nicht mit Sicherheit bestimmen, sondern nur Wahrscheinlichkeiten hierfür ausrechnen kann. Wiederholt man das Experiment viele Male, so spiegelt das entstehende Muster der Aufprallorte diese Wahrscheinlichkeitsverteilung wider.

Wenn wir die Gravitationskraft in unsere Beschreibung einbeziehen, so folgt, dass auch Raum und Zeit in Überlagerungen (Superpositionen) erscheinen. Wollen wir präzise sein, müssen wir demnach zwischen zwei Messungen alle möglichen Entwicklungen des Universums betrachten, denn sie alle tragen (die einen mehr, die anderen weniger) zur Wahrscheinlichkeit der Messungen bei.

Unsere Beschreibung enthält demnach alles, was möglicherweise passieren könnte. Und bei der Messung kollabiert diese Beschreibung zu einem einzigen Resultat. Welches Resultat, kann man vorher nicht wissen, sonst wären es ja auch keine Wahrscheinlichkeiten, die wir ausrechnen würden. Bis zum Moment der Messung ist also noch jedes Resultat möglich. Erst bei der Messung entscheidet sich, was tatsächlich passiert und wie es mit der Welt weitergeht. Daher ist die Zukunft auch nicht festgelegt.

In der klassischen Physik ist dies anders. Dort ist es so, dass, würde man den heutigen Zustand mit beliebig großer Präzision kennen, man mit Sicherheit wissen könnte, was morgen passieren würde. In der Praxis wäre dies vielleicht nicht möglich, aber prinzipiell schon. In der klassischen Physik gibt es daher auch nichts, was das »Jetzt« ausmacht.

Es sind also die Messungen, die in der Quantenphysik die Realität bestimmen.

Der Moment der Messung ist das »Jetzt«.
Das ist genau der Moment, der aus den unendlich vielen Möglichkeiten eine einzige bestimmt und damit die Vergangenheit von der Zukunft trennt.

Manchmal wird argumentiert, die Quantenphysik würde zu einem Multiversum führen – sprich: Es wird die Idee vertreten, dass alle Möglichkeiten auch tatsächlich existieren. Dass es also eine unendliche Anzahl an Universen gibt, in denen alles Mögliche auch passiert. Es würde Universen geben, in denen Sie Königin/König von Frankreich wären, solche, in denen Sie Ihr eigenes Raumschiff besitzen würden, und auch einige, in denen Sie mit Ihrer Sippschaft im Wald leben würden. In Filmen wird diese Idee gern aufgegriffen, da sie es erlaubt, der Fantasie freien Lauf zu lassen. Doch sollten Sie bedenken, dass es für diese Annahme keine wirkliche Begründung gibt. Nichts deutet darauf hin, dass es diese anderen Universen tatsächlich gibt. Und falls es sie gäbe, müssten es unendlich viele sein – dann hätten wir wieder eine Unendlichkeit, mit allen Problemen, die das bereitet. Übrigens: Wer oder was würde entscheiden, in welchem Universum Sie sich jetzt befinden und in welches Sie bei der nächsten Messung hineinrutschen?

Die Wahrscheinlichkeiten der Quantentheorie sind eher eine Konsequenz der Tatsache, dass es nur endliche Informationen gibt. Und wenn man nicht alles wissen kann, so bleibt eben manches ungewiss. In der Quantentheorie ist das nicht nur eine praktische Erkenntnis, sondern ein fundamentales Prinzip. Und dieses Prinzip erlaubt es, dass die Zukunft frei und unbestimmt bleibt.

Denken wir nochmals darüber nach, wie wir die Welt sehen. Und ich meine jetzt nicht nur die Frage, wie Sie Ihre Küche sehen, sondern eher das Gesamtbild, also wie wir das Universum sehen. Aber fangen wir trotzdem mit der Küche an. Sagen wir mal, Sie sehen den Wasserhahn in der Spüle. Damit Sie ihn sehen können, musste Licht von der Sonne zur Erde fliegen, am Wasserhahn abprallen und in Ihr Auge fliegen, wo es einen kleinen elektrischen Strom erzeugt und Ihr Gehirn aus vielen solchen Strömen ein Bild konstruiert. Das Licht entstand womöglich vor vielen Jahren im Innern der Sonne, beim Verschmelzen von Wasserstoffatomen. Dann ist es oftmals an weiteren Atomkernen und noch öfter an Elektronen im Sonneninneren abgeprallt, bis es zur Sonnenoberfläche vordringen konnte. Das konnte wegen der zahlreichen Umwege durch dieses Billard im Inneren der Sonne lange dauern. Nachdem das Licht die Sonnenoberfläche erreichte, brauchte es noch acht Minuten, um zur Erde zu fliegen – das geht ja auf direktem Weg, zwischen uns und der Sonne befindet sich nicht viel Materie.

Wir sollten das Ganze besser formulieren. Wir sollten eher sagen, es gibt eine gewisse Wahrscheinlichkeit, dass das Licht es zu diesem bestimmten Zeitpunkt an die Oberfläche der Sonne geschafft hat, und dann gibt es eine gewisse Wahrscheinlichkeit, dass es von dort in Richtung Erde fliegt und schlussendlich von unserem Auge »gemessen« wird. Dabei ist beruhigend, dass die

Sonne so viel Licht produziert. Deshalb müssen wir uns keine Sorgen machen, dass, obwohl wir nur von einer gewissen Wahrscheinlichkeit reden können, irgendwann mal ungenügend viele Lichtteilchen ankommen könnten und es für kurze Zeit dunkel würde.

Wir wollen präzise sein: Erst wenn wir die Anwesenheit des Wasserhahns gemessen haben, in diesem Fall anhand von Lichtteilchen, gibt es den Wasserhahn für uns. Auch die Sonne existiert erst, wenn wir deren Lichtteilchen gemessen haben. Diese haben aber acht Minuten gebraucht, um zur Erde zu gelangen. Die Sonne existiert für uns demnach in einem um acht Minuten verschobenen Zustand. Was jetzt auf der Sonne passiert, ist für uns noch keine Realität. Wir werden es erst in acht Minuten erfahren. Aber mehr noch: Erst in acht Minuten wird sich für uns entscheiden, was der momentane Zustand der Sonne ist. Denn erst mit unserer Messung kollabieren ja alle möglichen Entwicklungen der Sonne. Freilich stehen die Chancen sehr gut, dass die Sonne in acht Minuten ziemlich genau so leuchtet wie momentan. Aber darum geht es nicht, es geht ums Prinzip.

Ein Beispiel: Nehmen wir an, wir haben einen Detektor für Lichtteilchen. Dieser kann in einem kurzen Zeitraum messen, wie viele Lichtteilchen gerade ankamen. Dann könnte es zum Beispiel so sein, dass die Wahrscheinlichkeit am größten ist, dass 60 Lichtteilchen bei einer Messung ankommen und es üblicherweise zwischen 55 und 65 Teilchen sind. Erst in dem Moment, in dem wir die Messung durchführen, wissen wir, wie viele Lichtteilchen genau von der Sonne aus in dem Moment zu unserem Detektor geflogen sind. Sagen wir, es waren bei der letzten Messung 57 Stück. Dann haben wir bestimmt, dass acht Minuten zuvor genau 57 Lichtteilchen in genau diese Richtung losgeflogen sind.

Doch wie geht das? Können wir den Zustand der Sonne im Nachhinein ändern? Gewissermaßen ja, aber das ist wohl eine unglückliche Art, dies zu beschreiben. Es ist eher so, dass sich für uns der Zustand der Sonne erst mit der Messung ergibt. Andere Beobachter bestimmen ihren eigenen Zustand der Sonne. Jemand, der sich auf dem Planeten Neptun befindet, misst den Zustand der Sonne mit einer Zeitverschiebung von vier Stunden. Nun stellen Sie sich vor, wir reisen zum Neptun und vergleichen unsere Messungen mit denen des Neptunianers. Sind wir uns jetzt nicht einig, wie die Sonne aussieht?

Die Quantentheorie ist so aufgebaut, dass der Neptunianer und wir uns immer einig sein werden. Hierbei ist zu bedenken, dass es Eigenschaften der Sonne gibt, über die wir alle eine Aussage machen können, aber auch Eigenschaften, die nicht für jeden relevant sind. Zum Beispiel können wir dem Neptunianer erzählen, dass wir in einem kurzen Zeitfenster vor unserer Reise zum Neptun 57 Lichtteilchen, die von der Sonne stammten, gemessen hatten. Da wird der Neptunianer nicht widersprechen können, denn dies ist eine Messung, die er gar nicht machen konnte. Aber über die groben Eigenschaften der Sonne werden wir uns einig sein.

Das ist wiederum eine Folge der Dekohärenz. Die vielen Wechselwirkungen der Materie (in der Sonne, teilweise auch zwischen Sonne und Planeten, denn auch dort ist der Raum nicht völlig leer, und natürlich auf den Planeten usw.) wirken wie zahlreiche Messungen und haben zur Folge, dass sich Sonne und Planeten im Groben klassisch verhalten, also dass man keine Effekte der Überlagerungen sieht. Und alle werden sich darüber einig sein. Würde die Sonne explodieren, so würden wir dies auf der Erde erst acht Minuten später erfahren und auf dem Neptun erst vier Stunden später, aber alle würden sich einig sein, dass die Sonne explodiert ist. Denn in dieses Ereignis wären so viele Teilchen involviert, dass die Explosion zum Faktum für alle Beobachter werden würde.

Ich möchte mit diesem Beispiel zeigen, dass im Grunde jeder seine eigene Realität hat. Die Quantentheorie ist aber so aufgebaut, dass zwei oder beliebig viele Beobachter, die sich begegnen, sich über bestimmte Fakten einig sein werden. Es gibt aber auch Fakten, die man gar nicht vergleichen kann – es gibt Messungen, deren Resultat nur ich kenne und sonst niemand. In diesen Details können sich die Realitäten verschiedener Beobachter unterscheiden, und trotzdem führt dies zu keinerlei Paradoxien. Wäre der Neptunianer zur Erde gereist und hätte selbst messen wollen, wie viele Lichtteilchen in dem genannten Augenblick an dem Ort auf der Erde landeten, so hätte seine Messung die unsrige verhindert, denn seine Messung hätte die Lichtteilchen zerstört. Die Realität hätte sich für uns beide geändert, und zwar so, dass wiederum kein Konflikt zwischen unseren Aussagen entstehen würde. Der Neptunianer könnte dann behaupten, er hätte 62 Lichtteilchen gemessen, aber wir hätten keine Möglichkeit, dies zu überprüfen, denn wir selbst hätten die Messung nicht durchführen können. Jede Messung, ja einfach nur unser Dasein, ändert die Welt, für alle. Und zwar so, dass wir uns weiterhin über Dinge, die verglichen werden können, einig sind. Der Rest gehört dann ausschließlich zu unserer eigenen Realität.

Wenn wir nun weit ins Universum schauen, so fangen wir Lichtteilchen ein, die teilweise schon sehr lange Zeit unterwegs waren. Besser gesagt, es gibt eine Wahrscheinlichkeit, so und so viele Teilchen zu empfangen, die so oder so lange unterwegs waren. In dem Moment, in dem wir sie beobachten, wird dann zum Beispiel der Zustand einer Galaxie, die fünfzig Millionen Lichtjahre entfernt ist, aktualisiert. Für uns gibt es diese Galaxie dann auch nur in dem um fünfzig Millionen Jahre verschobenen Zustand. Das »Heute« dieser Galaxie existiert für uns nicht, wir werden es in fünfzig Millionen Jahren erst erfahren (oder sogar ein bisschen später, wegen der Ausdehnung des Universums).

Es gibt ja Menschen (ich zähle auch dazu), die gern Landschaften betrachten. Was man dabei aber tatsächlich sieht, ist eine Reihenfolge immer weiter zeitverschobener Zustände. Man sieht das Land immer weiter in der Vergangenheit – dies macht aber unser Hier und Jetzt aus. Man sieht also nicht wirklich eine Landschaft, sondern eher eine Landzeitschaft, oder vielleicht eine *Raumzeitschaft*. Wenn wir nun ganz weit ins Universum schauen, sagen wir bis zur kosmischen Hintergrundstrahlung, so sehen wir den Zustand dieser Regionen vor 13,8 Milliarden Jahren. Dieser Zustand gehört aber zu unserer heutigen Realität. Und dadurch, dass wir heute diese Lichtteilchen messen, entsteht (aus unserer Perspektive) dieser Zustand auch erst heute.

Unsere Raumzeitschaft ist in Abbildung 19 im Bildtafelteil illustriert. Sie zeigt ein Schema unseres aktuellen Bildes vom Kosmos. Unser Auge (oder unser Teleskop, unsere Kamera) empfängt das Licht der Sterne der Milchstraße, dann das Licht weit entlegener Galaxien bis hin zur kosmischen Hintergrundstrahlung progressiv in der Zeit verschoben. Unser Heute entspricht demnach verschiedenen Entwicklungsstadien des Universums. Und ein kleiner Teil davon wird erst durch unsere Messung zur Realität – die groben Fakten werden freilich von anderen Beobachtern auf die gleiche Art gesehen, wie wir sie sehen, aber die Details unserer Messungen bleiben die unsrigen.

Sagen wir es nochmals ganz klar: Die Vergangenheit entlegener Orte entsteht erst jetzt oder sogar erst in unserer Zukunft! Wir Nicht-Astronauten werden vielleicht nicht das Glück haben, bei einer Raumfahrt dabei zu sein, aber wir alle machen eine ziemlich grandiose Zeitfahrt.

Die Zukunft sollte man nicht vorhersagen

Was wünschen Sie sich für die Zukunft?

Eine große Überraschung ganz am Ende des letzten Jahrhunderts war die Entdeckung der beschleunigten Ausdehnung des Universums. Sie wurde entdeckt, weil man feststellte, dass Sternenexplosionen weniger hell leuchten, als man es für ein mit normaler und Dunkler Materie gefülltes Universum erwartet. Es gibt dann drei Hauptmöglichkeiten einer Erklärung: Entweder die Messungen sind falsch, oder die Relativitätstheorie ist falsch, oder es gibt eine neuartige Materiekomponente, die man Dunkle Energie nennt.

Unabhängige Beobachtungen, wie zum Beispiel die der kosmischen Hintergrundstrahlung, bestätigen, dass die Energiedichte im Universum deutlich höher ist, als Beobachtungen der normalen und Dunklen Materie es implizieren (die Strahlung im Universum ist heutzutage sehr verdünnt durch die Ausdehnung und trägt nur minimal zur Gesamtdichte bei).

Wie kann eine Beobachtung der kosmischen Hintergrundstrahlung die Energiedichte des Universums messen? Das hat damit zu tun, dass Temperaturschwankungen einer ganz bestimmten Größe am häufigsten auftreten. Wie bereits kurz angesprochen, ist dies eine Konsequenz des fortschreitenden Auftauens der ursprünglichen (wahrscheinlich inflationären) Dichteschwankungen. Das Wichtige: Man kann ausrechnen, wie ausgedehnt diese reichlich vorhandenen Schwankungen tatsächlich waren, und dann kann man das mit der Größe heutiger Dichteschwankungen am Himmel vergleichen. Die Krümmung des Universums bestimmt nämlich, wie groß diese ausschauen, denn ihr Licht musste ja durch 13,8 Milliarden Jahre kosmische Geschichte zu uns fliegen. Und die Krümmung entlang der ganzen Reise wird ihrerseits von der Gesamtdichte bestimmt. Ergo: Wir können messen, wie groß die Gesamtdichte des Universums ist – mit anderen Worten: Wir können das Universum wiegen. Dabei kommt heraus, dass die übliche Materie nur etwa dreißig Prozent der heutigen Gesamtdichte ausmacht. Dadurch haben wir eine unabhängige Messung, die zeigt, dass es noch Dunkle Energie geben muss – falls die Relativitätstheorie zutrifft.

Auch gibt es zahlreiche Beobachtungen, die sehr präzise in Einklang mit den Vorhersagen der Relativitätstheorie stehen. Folglich ist die beste Erklärung der beschleunigten Ausdehnung die Existenz der Dunklen Energie.

Die Dunkle Energie verhält sich sehr ähnlich wie die Inflation – man kann sie sich wie eine abgeschwächte Form der Inflation vorstellen, die erst spät in der Entwicklung des Universums wirkt. So kann es auch wiederum sein, dass die potenzielle Energie des Higgs oder eines ähnlichen Teilchens die Dunkle Energie erklärt. Auf die Natur der Dunklen Energie kommen wir noch zurück. Es ist aber schon klar, dass die Eigenschaften der Dunklen Energie die zukünftige Entwicklung des Universums maßgeblich bestimmen werden.

Bevor wir die möglichen Szenarien dieser Entwicklung vorstellen, möchte ich hervorheben, dass wir uns hier auf unbekanntem Terrain bewegen. Die Beschreibung des Universums im ersten Kapitel kann man durchaus als gesichertes Wissen betrachten, daran wird sich nicht mehr viel ändern. Viele Eigenschaften der Dunklen Materie und der Dunklen Energie sind schon bekannt, auch wenn wir deren Ursprung noch in Erfahrung bringen müssen. Und eine Inflationsphase ist zwar nicht bewiesen, scheint aber plausibel, da sie viele Eigenschaften des frühen Universums zu erklären vermag.

Die Basis der Quantentheorie ist äußerst solide und wurde bislang durch kein einziges Experiment in Zweifel gezogen. Ihre Anwendung aufs gesamte Universum (und die damit einhergehende Theorie eines randlosen Universums) muss aber als spekulativ betrachtet werden, da wir zurzeit noch zu wenige Anhaltspunkte haben, um sie im Detail zu testen. Immerhin gibt es Physiker, die daran arbeiten, ein Experiment zu entwickeln, das die Überlagerung des Raums zeigen könnte. Das wäre schon ein großer Schritt – ich bin gespannt auf die Resultate! So ziemlich alles, was wir in diesem Kapitel diskutieren werden, jedenfalls alles, was mit Stringtheorie zu tun hat, sollten Sie als spekulativ betrachten. Das bedeutet nicht, dass es in irgendeinem Sinne unseriös wäre, sondern nur, dass wir zurzeit nicht die Mittel besitzen, die Theorie zu testen. Dazu kommt, dass die Theorie noch nicht vollständig aufgestellt werden konnte, sie ist *work in progress*. Trotzdem stellt sie die weitreichendste Synthese von Relativitätstheorie und Quantentheorie dar, was natürlich das Interesse weckt.

Nun aber zurück in die Zukunft. Wie können wir uns die weite Zukunft des Universums vorstellen? Reden wir zuerst über unsere Nachbarschaft. Was mit der Erde passiert, ist wohl noch ungewiss. Werden die Menschen und unsere Folgespezies das Klima und vielleicht auch die ganze Oberfläche der Erde dauerhaft verändern? Werden sie das Sonnensystem und vielleicht auch noch andere Sternensysteme bevölkern oder vielleicht als Nomaden durch die Galaxie reisen? Werden sie es fertigbringen, Planeten und Sterne zu verformen, um sie für ihre eigenen Zwecke zu nutzen? Oder sind die Menschen auch nur ein augenblickliches Ereignis im Kosmos, ohne große Konsequenz? Man kann es nicht wissen.

Das Sonnensystem scheint zumindest recht stabil zu sein, wenn es in Ruhe gelassen wird. Es besteht nur eine kleine Möglichkeit, dass in den nächsten paar Milliarden Jahren ein Planet rausgeschmissen wird. Dies könnte prinzipiell durch die gegenseitigen Einflüsse der Schwerkraft der Sonne und aller Planeten geschehen. Es ist aber zurzeit, sogar für unsere größten Rechner, noch eine zu komplizierte Aufgabe, um wirklich präzise gelöst zu werden. Aktuelle Simulationen suggerieren jedenfalls, dass ein solcher Rausschmiss selten ist.

Die Sonne selbst kann vermutlich noch fünf Milliarden Jahre lang wie gewohnt scheinen. Dann wird ihr Treibstoff aufgebraucht sein, sie wird zu einem Roten Riesen anschwellen und explodieren. Dies gilt natürlich nur, falls unsere Nachfolger die Sonne in der Zwischenzeit nicht für andere Zwecke nutzen werden, vielleicht als Treibstoffvorrat oder für einen futuristischen Sonnenkult oder, was wahrscheinlicher erscheint, für Zwecke, die meine Vorstellungskraft überfordern.

Die Milchstraße wird sich weiterhin langsam um sich selbst drehen, etwa eine Runde alle 200 Millionen Jahre. Sie wird mit der Zeit weniger neue Sterne produzieren. Dies könnte sich jedoch in etwa zehn Milliarden Jahren für kurze Zeit drastisch ändern – von den heutigen Beobachtungen ausgehend wird projiziert, dass die Milchstraße dann mit unserer benachbarten Andromedagalaxie kollidieren wird. Dabei werden die Gaswolken beider Galaxien sich durch Reibung stark erhitzen, und zahlreiche neue Sterne werden entstehen. Eine solche galaktische Kollision ist nur möglich, weil die zwei Galaxien so nahe beieinander sind und ihre gegenseitige Anziehungskraft (durch ihre großen Massen) stärker wirkt als die Ausdehnung des Weltalls.

Die Ausdehnung des Alls wird aber zur Folge haben, dass das Universum immer leerer erscheinen wird. Alle entfernten Galaxien werden sich in den nächsten paar Milliarden Jahren noch weiter entfernen, und es wird im All immer einsamer werden. Zudem wird sich die Hintergrundstrahlung weiter verdünnen und abkühlen. Und ein stetig wachsender Anteil an Materie wird von Schwarzen Löchern verschluckt werden. Soweit kann man eine zumindest begründete Vermutung über die zukünftige Entwicklung des Universums aufstellen. Was danach passieren wird, ist sehr unsicher. Es hängt stark von den Eigenschaften der Dunklen Energie ab.

Die heutige Physik lässt stark bezweifeln, dass die Dunkle Energie zunehmen könnte. Aber sie könnte konstant bleiben. In dem Fall wird sich die beschleunigte Ausdehnung ewig fortsetzen. Dann wird man nach ein paar Dutzend Milliarden Jahren praktisch keine anderen Galaxien mehr sehen, denn die meisten von ihnen werden hinter unserem Horizont verschwunden sein. Wir werden uns zusehends allein im Universum fühlen. Das Universum wird leer und kalt werden. Für immer und ewig. Schön depressiv. Aber die unendliche Ausdehnung führt nicht nur zu psychischen Problemen, sondern auch zu physikalischen.

Denn Fluktuationen wird es immer geben. Ereignisse, die sehr unwahrscheinlich sind, werden trotzdem irgendwann stattfinden. Es bleibt ja ewig Zeit. Und das ist sehr lang. Eigentlich wird alles, was nicht absolut unmöglich ist, irgendwann passieren. Und sogar unendlich oft.

Dies führt zu schier unlösbaren Problemen. Es bedeutet nämlich, dass durch reinen Zufall die Atome einmal so zusammenstoßen können, dass sie ein Hirn bilden, welches für einen Moment lang denken kann. Wir glauben ja, dass es Gehirne gibt und dass diese es erlauben, zu denken. Zumindest nehme ich an, dass Sie dies über Ihr eigenes Hirn glauben. Also ist die Wahrscheinlichkeit, dass es ein Hirn wie Ihres gibt, nicht gleich null. Und daher würde sich im Falle eines unendlich alten Universums Ihr Hirn auch unendlich oft mit beliebig guter Präzision wieder bilden. Ganz per Zufall. Das ist das Problem mit der Unendlichkeit. Sie gewinnt immer, denn sie hat unendliche Geduld. Es ist demnach auch viel wahrscheinlicher (sogar unendlich wahrscheinlicher), dass Sie jetzt ein solches Hirn sind, welches sich durch Zufall vorstellt, dieses Buch zu lesen … Ich kann Ihnen jedenfalls versichern, dass dieses Argument mich stark daran zweifeln lässt, dass die Dunkle Energie konstant bleibt. So unverschämt kann die Natur nicht sein.

Was wäre denn die Alternative? Eine Möglichkeit ist nicht schwer zu erraten: Die Dunkle Energie könnte abnehmen. In dem Fall würde sich die Ausdehnung des Universums erstmals entschleunigen. Es gibt sogar erste Hinweise in den neuesten Beobachtungen, dass dies jetzt schon tatsächlich passieren könnte. Falls die Dunkle Energie genügend abnimmt, wird die Ausdehnung komplett abgebremst, und das Universum kann sich wieder zusammenziehen. In einer solchen Kontraktionsphase würde man dann nach und nach wieder mehr Galaxien sehen, und die würden auch immer näher aneinanderrücken. Niemand weiß, was das Endresultat eines solchen Kollapses wäre. Laut Relativitätstheorie führt das zu einer Singularität, ein bisschen wie ein umgekehrter Urknall. Aber das kann nicht die Antwort sein, wie wir mittlerweile wissen. Quanteneffekte werden bei einem solchen Ereignis unumgänglich sein, aber um diese zu verstehen, brauchen wir eine vollständige Theorie der Quantengravitation. Nur so können wir herausfinden, ob das Universum sich danach wieder ausdehnen könnte, ob es sich ändern und sich vielleicht mit neuen Naturgesetzen weiterentwickeln würde. Im letzteren Fall könnte man sich eine Evolution der Naturgesetze von Universum zu Universum vorstellen, im Sinne Charles Darwins, aber auf größeren Skalen. Das bleibt aber aktuell noch reine Spekulation.

Eine weitere Möglichkeit gäbe es eventuell noch. Es könnte sein, dass unser Universum auf lange Dauer instabil ist. Sprich, dass das, was wir als Vakuum ansehen, nicht wirklich das absolute Vakuum ist, sondern doch ein sogenannter *angeregter Zustand.* Dann könnte es passieren, dass sich eine Blase (in der das richtige Vakuum, oder zumindest ein weniger angeregter Zustand, herrschen würde) in unserem Universum bilden könnte, ein bisschen so, wie sich Wasserdampfblasen bilden, wenn man Wasser kocht. Eine solche Blase würde sich mit Fast-Lichtgeschwindigkeit ausdehnen und alles auf ihrem Weg zerstören. Niemand würde diese Zerstörung jedoch mitbekommen: Da die

Blase mit Fast-Lichtgeschwindigkeit ankommen würde, gäbe es keine Warnung. Unser Hirn würde nicht schnell genug verstehen können, was passiert – schon wären wir in Elementarteilchen aufgelöst. Übrigens könnten die Naturgesetze innerhalb solcher Blasen anders aussehen als die aktuellen. Auch in diesem Fall kann man über eine natürliche Evolution spekulieren. Doch auch hier weiß man nicht sicher, ob ein solches Tunneln in ein neues Universum tatsächlich in der Quantengravitation erlaubt ist oder nicht.

Genau wie bei den Eigenschaften der higgsartigen Teilchen stoßen wir immer wieder auf die Frage, was denn nun die vollständige Theorie der Quantengravitation ist. Obwohl wir uns hier von der etablierten Physik entfernen, ist die Neugier natürlich immer vorhanden. Daher, auch wenn es noch als pure Spekulation angesehen werden muss, werden wir trotzdem kurz die beste Kandidatin für die Quantengravitation vorstellen, nämlich die Stringtheorie.

Eine Welt aus Fäden

Eine Theorie der Quantengravitation aufzustellen, ist alles andere als einfach. Es ist nicht so wie bei der Entwicklung der Quantentheorie vor hundert Jahren, wo es zahlreiche Experimente gab, die erklärt werden mussten. Zudem konnte man damals ständig neue Experimente aufbauen, um weitere Aspekte der Theorie zu überprüfen. Im Vergleich dazu ist es bislang nicht gelungen, auch nur ein einziges Experiment zur Quantengravitation zu entwerfen. Die Energiemengen, die man dazu bräuchte, kann man längst nicht mit aktuellen Technologien erreichen.

Auch gibt es wenige Beobachtungen, die der Quantengravitation zuzuordnen sind. Das klarste Beispiel sind wohl die Temperaturschwankungen in der kosmischen Hintergrundstrahlung, die durch Verstärkung von inflationären Fluktuationen entstanden sein mochten. Hier geht es jedoch um recht kleine Quanteneffekte, verglichen mit dem, was man zum Beispiel im Zentrum eines Schwarzen Lochs oder beim Kollaps des ganzen Universums erwartet. Auch derzeitige Teilchenbeschleuniger, wie das CERN an der französisch-schweizerischen Grenze, helfen uns hier nicht. Diese können zwar einzelne Teilchen zu hohen Energien beschleunigen, aber sie können Raum und Zeit nicht signifikant beeinflussen. Und in der Quantengravitation erwartet man, dass (unter entsprechenden Umständen) auch Raum und Zeit starke Quanteneffekte aufweisen können.

Wir sind also auf die reine Theorie angewiesen, und das ist eine starke Einschränkung. Doch was ist eigentlich das Problem, wenn man Relativitätstheorie und Quantentheorie einfach miteinander verbindet? Sobald man die Gravitationskraft quantenmäßig beschreibt, tauchen entsprechende Teilchen auf – die *Gravitonen.* Das sind die Teilchen, die in der Quantengravitation die Schwerkraft übermitteln (so wie Licht aus Photonen besteht, würden dann Gravitationswellen aus Gravitonen bestehen). Und so wie es in der üblichen Quantentheorie virtuelle Teilchen gibt, auch im leeren Raum, so gibt es dann, sobald man die Schwerkraft miteinbezieht, auch virtuelle Gravitonen. Versucht man nun zu berechnen, was bei starker Krümmung passiert, dann stellt man fest, dass die virtuellen Gravitonen eine große Rolle spielen. Sie führen nämlich zu Korrekturen, also sie ändern die Krümmung.

Das Problem: Steigt die Krümmung weiter an, so werden weitere Korrekturen erforderlich. Und diese Korrekturen werden immer größer, wodurch weitere Korrekturen erforderlich werden usw. Das heißt, dass man bei starker Krümmung komplett die Kontrolle über die Rechnung verliert, und man nicht mehr wissen kann, was als Resultat herauskommt.

Das war beim randlosen Universum kein Problem, weil die

Krümmung nicht so groß wurde, eben durch die Abrundung der Raumzeit. Aber bei Schwarzen Löchern ist das beispielsweise nicht so, bei ihnen ist das Innere sehr chaotisch, und eine ähnliche Abrundung, oder generell eine Begrenzung der Krümmung, scheint unmöglich. Aus dem gleichen Grund kann man auch nicht herausfinden, was beim Kollaps eines Universums passiert. Auch dort erwartet man, dass die Krümmung sehr chaotisch wird und die Rechnung außer Kontrolle gerät.

Außer den Strings gibt es derzeit nur ein Beispiel für eine Theorie, die dieses Problem nicht kennt. Dabei handelt es sich um eine veränderte Version der Relativitätstheorie, die man *Quadratische Gravitation* nennt. Mein Doktorvater Kelly Stelle hat diese Theorie für seine eigene Doktorarbeit aufgestellt (er ist traurigerweise in der Zeit, in der ich dieses Buch schreibe, unverhofft verstorben, und dies auch noch auf seiner Hochzeitsreise – er hat spät, erst mit 77, geheiratet; dafür aber mit Stil, mit einer grandiosen dreitägigen Feier auf Sizilien). Leider ist die Quadratische Gravitation aber auch nicht die gesuchte Antwort auf all unsere Fragen, da sie (notgedrungen, wie Kelly auch zeigte) ein zusätzliches Teilchen enthält, das stark instabil ist. Und bislang hat niemand herausgefunden, wie man diesen Störenfried besänftigt.

Kommen wir daher zur Stringtheorie. Diese verfolgt einen völlig anderen Ansatz. Sie spricht nämlich anfangs gar nicht von Schwerkraft und auch nicht von Teilchen und nicht von Elektrizität oder nuklearen Kräften oder irgendetwas Bekanntem. Nein, sie schaut sich nur Strings, also Fäden an und versucht, eine Quantentheorie dieser Strings aufzustellen. (Wie man auf diese Idee kam, ist eine längere Geschichte, für ein anderes Mal.)

Diese Fäden, die man sich mikroskopisch klein vorstellen sollte (kleiner als ein Atomkern), können vibrieren wie die Saiten einer Gitarre. Das Erstaunliche: Diese Vibrationen können die Eigenschaften von Elementarteilchen nachahmen; unterschiedliche Vibrationen entsprechen zum Beispiel unterschiedlichen

Massen, und Ladungen können die Strings auch noch besitzen. Das bedeutet, dass aus einer einzigen Substanz (den Strings – man kann nicht fragen, woraus diese bestehen, denn diese *sind* die Grundsubstanz) prinzipiell alle bekannten und typischerweise noch viele unbekannte Teilchen erklärbar sein können.

Vereinfacht gesagt: So wie unterschiedliche Töne auf einer Gitarre entstehen können, so können die verschiedenen Teilchen (wie Elektronen oder Photonen) als unterschiedlich vibrierende Strings entstehen. Das allein wäre ja schon bemerkenswert, aber es passieren drei zusätzliche, völlig unerwartete »Wunder«:

1. Die Strings/Fäden haben zwei Enden. Nun können die Strings entweder frei herumfliegen, oder die beiden Enden können an etwas festgemacht sein. Dieses »Etwas« ist ein weiteres Objekt in der Stringtheorie, nämlich eine Art Membrane. Allgemein wird ein solches Objekt daher auch *Brane* genannt. Die Branen, an denen die Strings fixiert sind, können sich selbst bewegen, krümmen, verbiegen. Und es kann viele davon geben.
2. Es gibt auch noch die Möglichkeit, die Enden eines Strings miteinander zu verbinden, sodass man eine Art winziges Gummiband erhält. Und hier entsteht das größte Wunder: Diese geschlossenen Strings verhalten sich auch wie Elementarteilchen, aber diesmal wie Gravitonen. Das bedeutet, dass in der Quantentheorie der Strings automatisch die Schwerkraft vorhanden ist – die Stringtheorie ist automatisch eine Theorie der Quantengravitation.
3. Die Strings sind aber sehr wählerisch. Sie bewegen sich nicht in einem beliebigen Raum. Damit die Theorie auch mathematisch sinnvoll ist, gibt es mehrere Bedingungen. Die sehen anfangs wie rein mathematische Konsistenzbedingungen aus (also nicht ganz spannende Gleichungen), doch sie haben beachtliche Folgen. Sie zwingen die Strings nämlich, sich in einem Raum zu bewegen, der annähernd von der Relativitätstheorie beschrieben wird. Somit ist die Relativitätstheorie

auch Teil der Stringtheorie. Und die Gleichungen bestimmen die Anzahl der Dimensionen. Sie drücken aus, dass die Strings sich gern in neun Raumdimensionen und einer Zeitdimension bewegen. Also zehn Dimensionen insgesamt. Das ist erstaunlich: Keine bisherige Theorie hat die Anzahl der Dimensionen festgesetzt, diese wurde bislang immer (eigentlich willkürlich) als vier gewählt. Die Strings mögen aber zehn.

Ehe wir diese Eigenschaften näher betrachten, sollten wir zwei Fragen klären. Erstens: Wie vermeiden die Strings diese Krümmungskorrekturen, die bei einer quantenmäßigen Betrachtung der Relativitätstheorie auftauchen? Die Antwort: Das hat damit zu tun, dass die Strings nicht punktartig sind, sondern ausgedehnt. Dadurch ist die Position der Strings noch verschwommener als in der üblichen Quantentheorie, und dies hat zur Folge, dass virtuelle Strings sich nicht so an einem Ort häufen können wie virtuelle Teilchen. Dadurch bleiben die Korrekturen unter Kontrolle.

Und zweitens: Warum ist die Stringtheorie nicht vollständig bekannt? Das hat hauptsächlich damit zu tun, dass man zwar Strings als Quantenobjekte beschreiben kann, niemand aber weiß, wie man das auch für die Branen hinbekommt. Dazu kommt, dass man viele Gleichungen der Stringtheorie nur annähernd lösen kann – dafür wird man vermutlich noch zahlreiche Fortschritte in der Mathematik machen müssen. Aktuell müssen wir uns also damit zufriedengeben, dass die Stringtheorie nur teilweise bekannt ist, obwohl sie seit fünfzig Jahren entwickelt wird.

Doch schauen wir uns mal kurz an, welche neuen Ideen die Stringtheorie schon gebracht hat. Das mit den zehn Dimensionen zuerst, denn das sind wir ja gar nicht gewohnt. Da die Strings gern in neun Raumdimensionen leben, bedeutet dies nicht gleich, dass die Theorie schon widerlegt ist? Wir bewegen uns ja in nur drei Raumdimensionen, nach links/rechts, vorne/hinten und oben/unten. Für die Strings gäbe es also sechs weitere Richtungen. Doch beides kann zusammenpassen.

Stellen Sie sich einen Gartenschlauch vor und dazu, dass Sie eine kleine Ameise sind und auf dem Schlauch wohnen. Für Sie gibt es dann zwei Dimensionen: Sie können am Schlauch entlang weit hin- und herlaufen. Oder Sie können sich in der rechtwinkligen Richtung um den Schlauch herumbewegen. In diese Richtung kommen Sie aber nicht ganz weit, dann sind Sie schon wieder an Ihrem Anfangspunkt angekommen, eben weil der Schlauch in diese Richtung kreisförmig ist. Für die Ameise gibt es demnach zwei Dimensionen, eine große und eine kleine, aufgerollte. Nun stellen Sie sich vor, die Ameise wächst und wird zu einer sehr großen Ameise; irgendwo in Australien gibt es diese bestimmt. Aber bleiben wir bei unserer Annahme, dass die Ameise auf dem Schlauch wohnt. Wird sie größer als der Umfang der Kreisrichtung, so kann sie sich gar nicht mehr in die Kreisrichtung drehen und kann sich auf einmal nur noch in der einen, langen Richtung hin- und herbewegen. Für eine Riesenameise wird der Schlauch auf diese Weise praktisch gesehen eindimensional.

So könnte es sich mit den sechs Zusatzdimensionen der Stringtheorie verhalten: Sie könnten auch aufgerollt sein. Dann würden sie zwar existieren, aber für große Objekte wie uns wären sie nicht wahrnehmbar. Man bräuchte ein ganz ordentliches Mikroskop, um sie zu sehen. Sie könnten durchaus winzig klein sein, diese Zusatzdimensionen, vielleicht kleiner als ein Atomkern. Dann würden nicht mal Atomkerne bemerken, dass es mehr als drei Raumdimensionen gibt. Doch falls es sie gibt, haben diese Dimensionen Konsequenzen.

Es stellt sich nämlich heraus, dass die Strings anders vibrieren, wenn einige Dimensionen »kompakt« sind, wie man das nennt. Und wie genau die Strings vibrieren, hängt sogar nicht nur von der Größe der Dimensionen ab, sondern auch von deren Form (also deren Geometrie). Bei sechs Zusatzdimensionen gibt es da viele Möglichkeiten. Das Interessante: Die Form der Zusatzdimensionen bestimmt, welche Art von Teilchen die Strings beschreiben – so kann die Form zum Beispiel so gestaltet sein, dass die Teilchen elektrisch geladen sind oder auch nukleare Ladungen besitzen und noch ganz andere Ladungen, welche es theoretisch geben könnte, welche wir aber nicht in der Natur beobachten. Das heißt:

Die Geometrie des Raums kann die Eigenschaften der Elementarteilchen erklären.

Eine Analogie: Wenn man die Form einer Gitarre verändert, so ändert sich auch der Klang; denken Sie an eine Ukulele, verglichen mit einer akustischen Gitarre. Wir haben bereits gesehen, dass man die uns bekannten Elementarteilchen so beschreiben kann, als würden sie sich auch noch in einem fiktiven, internen Symmetrieraum bewegen. Hier sehen wir, dass dies nicht unbedingt ein fiktiver Raum sein muss, sondern Teil der Geometrie der zehndimensionalen Raumzeit der Stringtheorie sein könnte. Falls diese zusätzlichen Dimensionen sehr klein sind, ist dies kein Widerspruch zu bisherigen Beobachtungen und Experimenten, denn winzige Zusatzdimensionen können wir zurzeit ganz einfach nicht wahrnehmen. Die Ausdehnung des Weltalls würde dann auch nur in den drei großen Raumdimensionen stattfinden, und die Zusatzdimensionen wären fortwährend klein. Man hat sogar spekuliert, dass Strings sich um diese kleinen Dimensionen aufrollen können und, wie Gummibänder, die Zusatzdimensionen klein halten, während sich die drei anderen Dimensionen aufblähen.

Kommen wir nun zu den Branen. Man nennt sie nicht einfach Membranen, denn damit meint man geläufig ein zweidimensionales Objekt, zum Beispiel das Fell einer Trommel. Weil es aber in der Stringtheorie so viele Raumdimensionen gibt, können die Branen auch unterschiedlich viele Dimensionen besitzen, halt bis zu neun Raumdimensionen (dann würden sie freilich das Universum füllen). Erinnern Sie sich: Die Endpunkte der Strings sind an den Branen befestigt. Die Branen bestimmen also, wo sich die Strings bewegen können. Dies suggeriert eine neue Möglichkeit:

Wir könnten auf einer Brane leben.

Das würde man dann wie folgt verstehen: Die Strings, aus denen wir bestehen, sind an einer Brane mit mindestens drei Raumdimensionen befestigt. Es kann sogar nicht nur eine einzelne Brane sein, sondern auch ein ganzer Stapel. Gestapelte Branen erlauben nämlich noch zusätzliche Möglichkeiten, was die Eigenschaften der Strings angeht – in dem Fall kann auch ein Endpunkt eines Strings an einer Brane befestigt sein und der andere an einer zweiten Brane. Die einzigen Strings, die an keiner Brane befestigt sind, sind die geschlossenen, also die »Gummibänder«. Diese sind ungebunden und können überallhin. Das passt auch ganz gut damit zusammen, dass sie für die Schwerkraft zuständig sind, denn die Schwerkraft wirkt überall.

Diese letzte Eigenschaft ist weitreichend. Denn die Schwerkraft kann ja auch dadurch beschrieben werden, dass Raum und Zeit gekrümmt sind. Und wie wir eben gesehen haben, haben die geschlossenen Strings mit der Schwerkraft zu tun. Die Folge:

In der Stringtheorie bestehen Raum und Zeit aus geschlossenen Strings.

Ein bisschen so wie Wasser aus Wassermolekülen besteht, bestehen Raum und Zeit aus den zu Gummibändern geformten Strings. Hier wird es noch deutlicher, dass Raum und Zeit als Substanz zu verstehen sind.

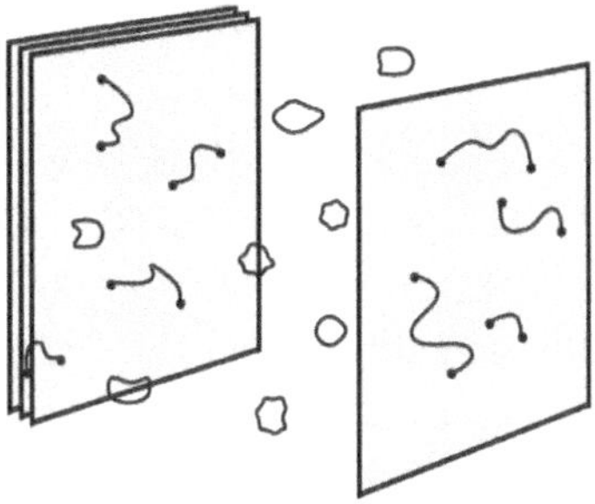

Skizze 10 Eine Branenwelt.

Wir können diese Ideen auch kombinieren: Stellen Sie sich vor, es gibt nicht nur unsere Brane (oder unseren Branenstapel), auf der wir leben, sondern auch noch eine separate Brane, die parallel zur unsrigen orientiert ist. Sie liegt aber nicht auf unserer drauf, sondern ist ein kleines Stück entlang einer der Zusatzdimensionen entfernt. Dies bedeutet, dass wir diese Brane wortwörtlich nicht sehen können, da wir nur die Lichtteilchen sehen können, die auch auf unserer Brane wohnen. Falls es auf der parallelen Brane Lichtteilchen gibt, so sind diese, wie auch andere offene Strings, an der Brane befestigt und können nicht zu uns herüberfliegen.

Eine parallele Brane wäre also für uns völlig unsichtbar, obwohl sie sich sehr nahe befinden könnte. Sie könnte sogar um weniger als eine Atomlänge in einer Zusatzdimension entfernt sein, und doch würden wir sie nicht sehen, weil kein Licht von dieser Brane zu uns gelangen könnte.

Doch sollten wir bedenken, dass die geschlossenen Strings überall hinkommen, sie haben ja keine Endpunkte und sind deswegen nicht gebunden. Und dazu noch vermitteln sie die

Schwerkraft. Das bedeutet, dass wir die Schwerkraft aller Materie auf der parallelen Brane spüren würden. Wir würden also von deren Masse angezogen, obwohl wir sie nicht sehen können. Kommt uns das nicht bekannt vor? In einer solchen *Branenwelt* gäbe es demnach eine ganz natürliche Erklärung für Dunkle Materie: Alle Materie auf anderen Branen wäre automatisch Dunkle Materie für uns.

Es gibt weitere Möglichkeiten: Die Branen können sich auch bewegen. Daraus könnte die kosmologische Entwicklung folgen. Sprich – dadurch, dass sich die Branen in den Zusatzdimensionen bewegen, kann sich der Raum auf den Branen (und dies kann also der Raum unseres Universums sein) ausdehnen oder zusammenziehen. Dabei kann es sogar vorkommen, dass Branen auch noch miteinander kollidieren. Eine solche Branenkollision könnte für uns Branenbewohner dann wie ein Urknall aussehen. Das wäre also eine mögliche Erklärung für den Urknall.

Ich habe meine Doktorarbeit (am Imperial College in London) über Branenwelten geschrieben. Als ich dann als Forscher nach Cambridge ging, habe ich daher auch an der Idee einer Branenkollision gearbeitet, und dies war mein Thema, als ich meinen ersten Vortrag in Anwesenheit von Stephen Hawking hielt – soweit ich mich erinnere, war er aber nicht von dieser Idee überzeugt.

Das Problem: Meine Mitarbeiter und ich konnten nur annähernd ausrechnen, was bei einer solchen Branenkollision passiert. Leider kann dies bislang immer noch niemand. Wir haben es hier mit einem der noch unzureichend verstandenen Aspekte der Stringtheorie zu tun. Und unglücklicherweise sind es gerade eben die Anwendungen der Stringtheorie auf die Kosmologie, die noch wenig verstanden sind. Deshalb auch die zahlreichen Konditionalsätze in diesem Kapitel.

Trotzdem ist es natürlich interessant, sich zu fragen, was denn alles so möglich sein könnte. Bevor wir weiter in diese Richtung gehen, denke ich, wäre es vielleicht auch von Interesse, kurz über den Alltag in der Forschung zu berichten. Wir reden ja hier von der Erforschung neuer Ideen, und das erinnert mich an meine eigene Zeit als Forscher.

Ich hatte das große Glück, nach meiner Stelle in Cambridge eine dreijährige Forschungsstelle in Princeton zu erhalten. Princeton liegt auf halbem Weg zwischen New York und Philadelphia und ist ein kleiner, ruhiger Ort. Die Uni ist eine der großen alten amerikanischen Unis, mit Gebäuden, die im Stil von griechischen Tempeln bis hin zu modernen Glas- und Stahlkonstruktionen variieren. Princeton ist die Hochburg der theoretischen Physik, auch durch das Zusammenspiel zwischen Uni und dem benachbarten Institute for Advanced Study, wo einst Einstein arbeitete und auch jetzt die wohl berühmtesten Professoren unserer Zeit tätig sind. Ich möchte aber eher von den jungen Forschern erzählen.

Verglichen mit Europa sind die Kontraste nämlich schon bemerkenswert. So wird zum Beispiel alles getan, um einem Forscher maximal günstige Arbeitsbedingungen zu schaffen. Ich war Mitglied des Princeton Center for Theoretical Science, wo wir zu zehnt auf unterschiedlichen Gebieten tätig waren: Astrophysik, Stringtheorie, Genetik, Materialwissenschaft, angewandte Mathematik. Eine gute Kaffeemaschine hatten wir, die kostenlos war; das führte manchmal zu koffeininduziertem Zittern. Auch wurde öfter ein Mittagessen für uns bestellt, jedoch war es dann üblich, dass wir zwar zusammen aßen, aber einer von uns dabei einen Vortrag über die neusten Resultate in seinem Forschungsgebiet hielt. Die Annahme war, dass jeder alles interessant fand und zu jedem Thema etwas Brauchbares zu sagen hatte. Und dies jederzeit.

Allgemein war es so, dass die Leute den ganzen Tag gearbeitet haben. Und damit meine ich den ganzen Tag, inklusive wissenschaftlicher Facharbeiten als Bettlektüre. Ich habe nie so viele motivierte Leute beisammen gesehen wie in Princeton. Ein Professor hat mich einmal an einem Sonntagnachmittag angerufen: »Ich habe dir vor zwei Stunden eine E-Mail geschickt, und du hast immer noch nicht geantwortet!« Das war nicht böse gemeint, er wollte unbedingt das Resultat einer Rechnung erfahren. Unüblich war so etwas nicht. Und auch nicht, dass ich öfter im Urlaub gearbeitet habe.

»Motiviert« ist vielleicht auch untertrieben. Viele dort streben nicht nur eine glänzende akademische Karriere an, sondern tatsächlich auch einen Nobelpreis. Und um die Chancen zu erhöhen, eine wichtige Arbeit zu produzieren, schreiben die Leute halt so viele Arbeiten wie möglich.

Regelmäßig kamen andere Forscher zu meiner Frau und mir nach Hause zum Abendessen, weil sie nichts im Kühlschrank hatten, denn sie hatten keine Zeit zum Einkaufen. Einer meiner Freunde hatte immer eine Flasche Wodka im Tiefkühler, für Freitagabend – dann musste er den Kopf freibekommen, und von selbst ging das nicht.

Manchmal gibt es diesen Mythos der Erleuchtung, dass man eine glänzende Idee in der Badewanne hat oder so ähnlich, und damit die Wissenschaft revolutioniert. Folgender Spruch, der auf Thomas Edison zurückgehen soll, kommt der Wahrheit näher: *»Genius is one percent inspiration and ninety-nine percent perspiration.«*

Ich erzähle dies hauptsächlich für die, die eventuell Lust darauf haben, eine Karriere in der Wissenschaft anzupeilen. Ich habe als Forscher unglaublich viel in kurzer Zeit gelernt, aber man sollte sich bewusst sein, dass dies nichts ist für Leute, die einen entspannten Alltag schätzen. Ich persönlich fand es jedenfalls besser, den ganzen Tag etwas Interessantes zu machen als den halben Tag etwas Langweiliges. Und es hat auch einen klaren Reiz, sich vollständig in eine Aktivität reinzuschmeißen. Auf Dauer ist es freilich wieder anders – so ein Tagesablauf, wie er oft in den USA erwartet wird, ist mit einem glücklichen Familienleben nicht wirklich gut vereinbar. Das geht in Europa (meist) besser, obwohl es allgemein in der Wissenschaft schwieriger ist als in vielen anderen Branchen.

Eine Konsequenz dessen ist natürlich die, dass die Wissenschaft auch gewisse Charaktere anzieht. So konnte ich zum Beispiel nie die Comedy-Show *The Big Bang Theory* schauen – das war für mich keine Entspannung, das war einfach zu nahe an meiner tagtäglichen Realität.

Doch kommen wir zurück zur Stringtheorie und den möglichen Konsequenzen für die Kosmologie. Wie sollte man sich ein Modell unseres Universums in der Stringtheorie vorstellen? Man braucht also ein Gebilde bestehend aus Branen mit unterschiedlichen Dimensionen, aber zumindest drei großen Raumdimensionen, die denen entsprechen, die wir in unserem Alltag wahrnehmen. Zusätzliche Branendimensionen können sich dann um die aufgerollten Dimensionen wickeln, oder es kann auch Branen geben, die ausschließlich in den Zusatzdimensionen wohnen.

Falls es parallele Branen zur unsrigen gibt, kann man dadurch die Dunkle Materie erklären. Die Geometrie der Zusatzdimensionen, mitsamt der räumlichen Verteilung der Branen, sollte so sein, dass die Strings auf unserer Brane sich so verhalten, dass es Elektromagnetismus sowie nukleare Kräfte und Ladungen gibt. Und dann muss auch noch etwas die Dunkle Energie erklären.

Hierfür gibt es zahlreiche Möglichkeiten. Es ist nämlich so, dass in der Stringtheorie Verformungen der Geometrie der Zusatzdimensionen sowie auch die Positionen anderer Branen alle von higgsartigen Teilchen beschrieben werden. (Das ist freilich eine annähernde Beschreibung – sie bestehen wohlverstanden aus Strings, die higgsartige Eigenschaften besitzen.) Falls diese higgsartigen Teilchen/Strings eine entsprechende Potenzialenergie besäßen, könnten sie möglicherweise also sowohl eine Inflationsphase als auch die heutige Phase beschleunigter Ausdehnung erklären. Hätte man all dies zusammen, könnte man das

Ganze in der Zeit zurückverfolgen und versuchen herauszufinden, was beim Urknall passiert ist. So die Hoffnung.

Doch es gibt Schwierigkeiten. Beispielsweise ist es bislang nicht gelungen, eine Lösung zu finden, die ganz genau die uns bekannten Elementarteilchen enthält, mit deren präzisen Ladungen und Massen. Typische Lösungen enthalten auch noch sehr viele andere Teilchen, die wir nicht beobachten.

Es ist weiterhin noch nicht gelungen, eine Lösung zu finden, in der das Universum sich so ausdehnt, wie es unseres in den Strahlungs- und Materiephasen getan hat. Hier gibt es zwei Hauptprobleme: erstens, die Geometrie der Zusatzdimensionen stabil zu halten, und zweitens, der Lösung zu trauen. Hiermit meine ich, dass es nicht ausreicht, eine annähernde Lösung zu finden. Man muss auch wissen, ob eine präzisere Rechnung die Lösung stark verändern würde oder nicht. Das kann man üblicherweise in der Physik einschätzen, dafür gibt es erprobte mathematische Methoden. In der Stringtheorie gibt es aber das allgemeine Problem, dass man bislang nur bei statischen Lösungen (also Lösungen, bei denen sich nichts in der Zeit ändert) die nötige Zuversicht hat. Lösungen, bei denen sich etwas in der Zeit verändert, kann man leider nicht richtig trauen. Bei diesen besteht generell das Risiko, dass präzisere Rechnungen diese Lösungen komplett verändern könnten. Davon abgesehen erweist es sich als extrem schwierig, dass drei Dimensionen sich enorm ausdehnen, während die Zusatzdimensionen unverändert bleiben sollen. (Letztere müssen unverändert bleiben, damit sich die Eigenschaften der Elementarteilchen mit der Ausdehnung des Universums nicht verändern.)

Es ist also aktuell weder möglich, die genaue Teilchenphysik zu reproduzieren, noch die bekannte kosmologische Entwicklung. Hierbei handelt es sich aber nicht um prinzipielle Unmöglichkeiten – das Problem ist eher, dass die Mathematik schwierig ist und sogar die besten Physiker und Mathematiker diese Nuss noch nicht geknackt haben.

So ähnlich verhält es sich mit den Kandidaten für die Dunkle Energie. Wie oben angedeutet, gibt es zahlreiche higgsartige Teilchen in der Stringtheorie. Vielleicht sogar zu viele … Denn bislang haben wir erst ein einziges Higgs beobachtet. Eine konkrete Frage, welche in den letzten Jahren viel studiert wurde, ist die, ob diese higgsartigen Teilchen eine Potenzialenergie besitzen können, die eine Beschleunigung der Ausdehnung hervorbringen würde. Die derzeitige Antwort: Auch das geht nicht so einfach! Wiederum kann man wegen der mathematischen Schwierigkeiten keine absoluten Aussagen machen. Doch gibt es Arbeiten, die zeigen, dass eine beschleunigte Ausdehnung zwar nicht ausgeschlossen ist, aber notgedrungen in der Zeit abnehmen muss. Wie schnell sie abnehmen muss, wird allerdings viel diskutiert. Aber ein Universum, das sich in Zukunft für immer und ewig beschleunigt ausdehnt, scheint unmöglich. Wenn wir an unsere Diskussion weiter oben denken, spezifisch an die aus Fluktuationen entstehenden Hirne, scheint mir dies auch eine gute Sache zu sein.

Übrigens gibt es seit 2024 Hinweise, dass die Dunkle Energie tatsächlich schon dabei sein könnte, abzunehmen. Das *Dark Energy Spectroscopic Instrument (DESI)* beobachtet Millionen von Galaxien, um die Ausdehnung des Universums sehr präzise bestimmen zu können. Diesen Beobachtungen zufolge sieht es so aus, als wäre die Dunkle Energie bereits etwas abgeschwächt. Um wie viel, ist noch unklar – die aktuellen Daten würden sogar erlauben zu interpretieren, dass das Universum bereits jetzt mit seiner Beschleunigung aufgehört hat und sich wieder entschleunigt ausdehnt. In den kommenden Jahren werden die Daten sich noch deutlich verbessern. Wir werden also bald mehr erfahren. Für die Stringtheorie wäre eine Abschwächung der Dunklen Energie jedenfalls ein passendes Resultat. Zumindest würde es weitere Motivation schaffen, die oben genannten mathematischen Schwierigkeiten zu überwinden.

Die Situation in der Stringtheorie ist also die, dass sie prinzipiell sehr viele mögliche Universen zulässt, aber dass die, die bislang konkret erforscht werden konnten, nicht so wie unseres aussehen. Doch lassen wir mal kurz die Probleme beiseite und erlauben uns, uns einige der neuartigen Möglichkeiten durch den Kopf gehen zu lassen.

So kann man sich vorstellen, dass der Urknall darin besteht, dass Branen entweder miteinander kollidieren oder auf winzige Größe schrumpfen. Dabei kann sich prinzipiell die ganze Lösung so ändern, dass die Branen danach in eine andere Richtung wachsen, dass sich eine andere Anzahl an Dimensionen vergrößert und andere klein bleiben. Und auch, dass sich die Geometrie der Zusatzdimensionen verändert. All dies würde dann für Branenbewohner so aussehen, als würden sich die Gesetze der Physik ändern. Man hätte andere Elementarteilchen, andere Kräfte, ja sogar eine andere Anzahl an Dimensionen, die man wahrnehmen würde. Dann gäbe es keine Sterne und Galaxien, wie wir sie kennen, und natürlich auch keine Menschen. Aber wer weiß, vielleicht gäbe es eine völlig andere Art des »Lebens«. Alles wäre ja anders, sogar die Bausteine der Materie wären anders, und die würden anders aufeinander wirken. So richtig vorstellen können wir uns das alles nicht – es wäre deutlich verschiedener, als es in Science-Fiction-Filmen manchmal erdacht wird. Vielleicht würde es so eine Art Darwin'sche Evolution der Naturgesetze geben, von einem Universum zum nächsten. Doch worauf diese Evolution hinsteuern würde, ist unmöglich zu sagen. Was würde als »fit« gelten? Welche Art von Universum würde viele Tochteruniversen hervorbringen?

Auf ähnliche Themen, jedoch auf unser eigenes Universum beschränkt, gehen wir im nächsten Kapitel tiefer ein. Von der Stringtheorie können wir festhalten, dass deren Erforschung sich eigentlich erst in den Anfangsstadien befindet. Die Theorie ist zwar schon fünfzig Jahre alt, aber von einem weitreichenden Verständnis sind wir noch ein gutes Stück entfernt. Und vielleicht wird sich ja herausstellen, dass der heutige Ansatz nicht der richtige ist. Vielleicht ist die Stringtheorie, so wie wir sie heute kennen, nur eine Art Spielzeugauto – die Räder sind schon dran, und man kann sich schon vorstellen, dass man mit so etwas fahren könnte, aber ohne Motor geht's nicht wirklich. Die Theorie zeigt uns immerhin, wie Quantentheorie und Relativitätstheorie miteinander harmonieren können. Und das ist bemerkenswert. Aber man wird das Gefühl nicht los, dass noch eine wichtige Idee fehlt. Wie der Motor beim Spielzeugwagen.

Wo bleiben unsere Mitbewohner?

Es gibt eine einfache und doch absolut tiefgründige Frage, die manchmal auch *Fermis Paradoxon* genannt wird. Der Name ist aber nicht weiter wichtig (Enrico Fermi war ein bekannter Physiker; er hat den ersten Atomreaktor gebaut, und mehr oder weniger durch Zufall ist sein Name mit dem Thema dieses Kapitels verbunden). Die Überlegung ergibt sich wie folgt:

Es gibt uns Menschen.
Demnach kann also Leben im Universum entstehen.
Warum gibt es dann keine Außerirdischen?

Die erste Reaktion mancher Leute auf diese Frage ist das Gefühl, da wäre etwas Unseriöses dran. Aber ganz im Gegenteil; diese simple Frage verbindet Kosmologie, Biologie und Neurowissenschaften. Und wir haben keine Ahnung, wie die Antwort lautet.

Statistik mit einem einzigen Beispiel

Wir kennen nur ein Beispiel des Lebens im Universum, und das ist das Leben hier auf der Erde. Und das war's schon. Obwohl das Universum riesig ist. Um einschätzen zu können, ob dies nun erstaunlich ist oder nicht, lohnt es sich vielleicht, kurz die Geschichte des Lebens auf der Erde zu betrachten.

Die Erde ist 4,6 Milliarden Jahre alt. Sie entstand, als die Sonne entstand, aus den Überresten der Sternenbildung. Man denkt, dass sich zu dieser Zeit erst kleine Staubpartikel und Kieselsteine bildeten, so in Millimeter- bis Zentimetergröße. Es gab dann wohl auch ganze Kieselsteinwolken. Durch Kollisionen und gegenseitige Anziehung (durch die Schwerkraft) haben sich dann immer größere Brocken gebildet, bis am Ende die Planeten des Sonnensystems entstanden waren.

Die ersten Zeiten im Sonnensystem waren chaotisch. Es gab zahlreiche Kollisionen zwischen Planeten und kleineren Objekten, wie Asteroiden und Kometen (Letztere brachten das Wasser auf die Erde). Es gab auch mindestens eine größere Kollision, die uns direkt angeht: So wird angenommen, dass es einen zusätzlichen Planeten gab, Theia genannt, der mit der jungen Erde kollidierte. Dabei wurde Theia völlig zerstört, und aus diesem Aufprall ist der Mond entstanden. Dabei hat sich das Material, aus dem Theia bestand, wohl auf Erde und Mond verteilt (für die, die es genauer wissen wollen: Das kann man daraus herleiten, dass die Isotopenverteilung zahlreicher Elemente auf der Erde und auf dem Mond gleich ist). Wahrscheinlich hatte die Erde auch als Folge der Kollision zunächst Ringe, wie der Saturn. Diese Ringe sind dann nach und nach zum Mond zusammengeklumpt. Spätere kleinere Kollisionen mit herumfliegenden Gesteinsbrocken haben die Krater auf dem Mond verursacht – dadurch, dass der Mond keine Atmosphäre hat, kann man diese Krater heute noch so gut sehen. Auf der Erde wurden solche Krater längst von Regen und Erdrutschen verwischt.

Zu diesen frühen Zeiten war die Erde sehr heiß, als Resultat der häufigen Einschläge anderer Himmelskörper und der Häufigkeit radioaktiver Elemente wie Uran. Die Oberfläche bestand aus geschmolzener Lava. Dazu hat die Atmosphäre aus Wasserdampf, Kohlendioxid und Methan einen ordentlichen Treibhauseffekt verursacht, sodass die Erde auch nicht so schnell abkühlte. Dies dauerte Millionen von Jahren an. Irgendwann war es kalt genug, und der Wasserdampf wurde zu Regen. Man geht davon aus, dass es dann Millionen Jahre lang regnete und sich so die ersten Ozeane füllten.

Auch heute noch ist das Erdinnere heiß und besteht aus einem flüssigen Metallkern. Weil dieser sich dreht, generiert er ein Magnetfeld (das ist das Magnetfeld, das es Ihrem Kompass erlaubt, den Norden zu finden). Dieses Magnetfeld spielt in der Geschichte des Lebens eine wichtige Rolle: Es lenkt nämlich einen Großteil der energetischen, geladenen Strahlung der Sonne ab und schützt so das Leben auf der Erde.

Aber wir waren ja noch gar nicht beim Leben angekommen, sondern erst bei den Urozeanen, so etwa hundert Millionen Jahre nach der Entstehung des Sonnensystems (also vor 4,5 Milliarden Jahren). An die Oberfläche aufgestiegene Lava konnte hier und da Land bilden, und einsinkende Gesteine formten Meeresgräben. Das war der Anfang der tektonischen Plattenbewegung. Und an den Rändern dieser Platten, tief in den Ozeanen, trat unter großem Druck heißes, mit Mineralien angereichertes Wasser aus. Man denkt, dass sich an diesen extremen Orten das erste Leben gebildet hat.

Am Anfang bestand dieses Leben aus nicht viel mehr als Membranen, die innen von außen trennen konnten, gewissermaßen die Urform der Zellen. So konnte sich innerhalb dieser Membranen ein wenig Ordnung bilden und erhalten und von den äußeren Bedingungen abgeschirmt bleiben. Solche Blasen konnten dann auch kleine Blasen abtrennen und sich »vermehren«. Zufällige Variationen führten dazu, dass manche Blasen etwas besser organisiert waren. Die konnten sich auch besser halten, und so nahm langsam, aber sicher die Komplexität dieser Blasen zu. Nach Hunderten Millionen von Jahren entstanden unter anderem die Cyanobakterien. Sie bilden eine schleimige, blaugrüne Substanz, die man auch heutzutage noch manchmal auf Teichen sehen kann. Diese Schleimer zählen somit zu den ältesten überlebenden Lebensformen.

Kosmologisch gesprochen begann das Leben also sehr früh, nach nur hundert Millionen Jahren, und unter Bedingungen, die wir heute als »lebensunfreundlich« einschätzen würden. Die frühen Membranen konnten aber wohl schon primitive Gene (anfangs nur kompliziertere Moleküle, dann kurze RNA-Sequenzen) beherbergen, also die Vorstufe von Genen und DNA. Richtige Gene, so wie wir sie heute kennen, sind erst später entstanden – man nimmt an, vor etwa 3,5 bis 3,8 Milliarden Jahren. Zu dieser Zeit lebte wohl auch LUCA *(last universal common ancestor)*, also der letzte gemeinsame Vorfahre aller heutigen Lebewesen. Mehr dazu später.

Mit den Genen hat das Leben eine Methode gefunden, Informationen zu speichern und an Nachfahren weiterzugeben. So konnten neue Errungenschaften beibehalten werden und gingen nicht gleich wieder verloren. Nur so lässt sich auf Dauer ein komplexer Organismus aufbauen. Damit will ich nicht sagen, dass diese Strukturen unbedingt die spezifische Form von Genen und DNA annehmen müssen, aber es muss Strukturen geben, die das Speichern von Informationen erlauben. Dieser Speicher muss auch nicht perfekt funktionieren – ja, es kann sogar von Vorteil sein, wenn es »Mutationen«, also Abweichungen gibt. Denn so entstehen neue Fähigkeiten. Auf der Erde ist es jedenfalls so, dass alle Lebewesen ihre Erbinformationen in Genen speichern. Gene sind demnach das charakteristische Merkmal des Lebens auf der Erde.

Die frühen Lebensformen waren sehr anpassungsfähig. Einige lernten, die Energie der Sonne zu nutzen, und haben Fotosynthese entwickelt. Das sind die Bakterien. Sie haben sich in den ersten zwei Milliarden Jahren (etwa die Hälfte des Alters der Erde) überall verbreitet. Und dann gab es die Archaeen, die lernten, bei über hundert Grad Celsius zu wohnen, in Säure zu baden oder auch ohne Sauerstoff auszukommen. Das waren die Vorfahren von Chris Hemsworth.

Aus den Archaeen, aber wohl auch unter dem Einfluss einiger

Bakterien entstanden vor fast zwei Milliarden Jahren spezialisiertere Zellen, bestehend aus vielen unabhängigen Teilen mit verschiedenen Aufgaben. Die wichtigste Neuerung war die Entwicklung des Zellkerns. Lebewesen, die aus solchen Zellen mit Zellkern bestehen, nennt man Eukaryoten. Auch wir zählen dazu sowie alle Tiere, Pflanzen und Pilze.

Der Zellkern war eine praktische Erfindung: Er konnte die Gene beherbergen, sie schützen und eine besser organisierte Fortpflanzung erlauben. Durch den zusätzlichen Schutz konnten weit größere Genome entstehen, das heißt komplexere Lebensformen. Und die Fortpflanzung funktioniert bei Eukaryoten nicht mehr durch einfache Zweiteilung der ganzen Zelle. Vielmehr wird nur die DNA zweigeteilt und dann mit einer zweiten halbierten DNA (eines Partners) verbunden, um einen Nachkommen zu bilden. So werden die Nachkommen zu individuellen Wesen, die die Erbinformationen ihrer Vorfahren mischen und nicht direkte Kopien ihrer Eltern sind. Die Eukaryoten haben die Partnersuche erfunden und sie zu einer der wichtigsten Aktivitäten erhoben.

Woher weiß man all das? Historisch gesehen durch detaillierte Beobachtungen und Beschreibungen der Zellstrukturen. Wenn da nur kleine Unterschiede bemerkbar sind, weist dies auf eine nahe Verwandtschaft hin. Aber neuerdings kann man die Entwicklung der Lebewesen deutlich präziser anhand einer Analyse ihrer Gene bestimmen.

Die folgende Abbildung zeigt in sehr vereinfachter Form einen sogenannten phylogenetischen Baum des Lebens. Hier kann man erkennen, welche Lebewesen von welchen anderen abstammen und wie nahe oder entfernt sie miteinander verwandt sind. Es gibt deutlich komplexere Varianten dieser Grafik, aber diese vereinfachte Form reicht für unsere Zwecke aus. Wir selbst befinden uns oben im Ast der Tiere. Wie man sieht, sind wir ziemlich nahe mit den Pilzen verwandt, näher sogar als mit den Pflanzen. Und alle Eukaryoten stammen von einem gemeinsamen

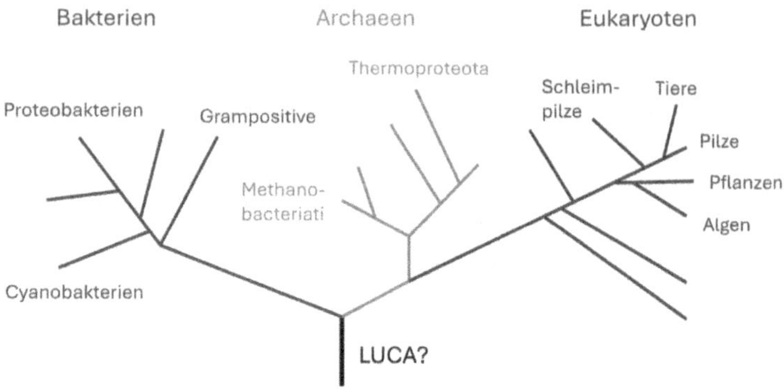

Skizze 11: Der Baum des Lebens zeigt, wie nahe verschiedene Lebewesen genetisch miteinander verwandt sind. Der Baum reflektiert die Entwicklung des Lebens auf der Erde.

Vorfahren ab. Ja, mehr noch – alle Lebewesen, also alle Eukaryoten, Archaeen und Bakterien, haben einen gemeinsamen Vorfahren, der üblicherweise LUCA genannt wird. Das ist eine wichtige Erkenntnis. Optimistisch gesagt zeigt sie, dass alles Leben auf der Erde verwandt ist. Pessimistisch gesagt zeigt sie, dass es nur ein einziges Beispiel für den Ursprung des Lebens gibt. Ob es vielleicht mehrere Arten von Leben gab und unsere die anderen verdrängt hat oder ob es immer nur unsere Variante gab, wissen wir nicht. Jedenfalls zeigt die genetische Analyse:

Alles Leben auf der Erde hatte einen gemeinsamen Ursprung.

Ein Kommentar: Der phylogenetische Baum zeigt, wie die verschiedenen Lebewesen genetisch zusammenhängen (also, wie viele Genmutationen zwischen ihnen liegen), aber nur sehr ungefähr, wie schnell sich die verschiedenen Lebensformen auch tatsächlich entwickelt haben. Wie wir oben sahen, ist das Leben schon nach etwa hundert Millionen Jahren auf der Erde entstanden. Es hat aber weit über vier Milliarden Jahre gebraucht, um Menschen hervorzubringen. Und stetig war die Entwicklung ganz klar nicht. Es gab immer wieder große Naturkatastrophen, bei denen ein Großteil der Lebewesen ausstarb.

Die bekannteste derartige Katastrophe war zweifellos der Einschlag eines Asteroiden vor 66 Millionen Jahren im heutigen Mexiko, auf der Halbinsel Yucatán – dieser Einschlag produzierte so viel Staub, dass die ganze Welt in einen jahrelangen Winter geriet, nachdem die glühende Schockwelle des Impakts sowieso schon die ganze Karibik versengt hatte. Als Konsequenz hiervon sind drei Viertel aller Spezies inklusive fast alle Dinosaurier ausgestorben. (Nur einige fliegende Dinosaurier überlebten – wir nennen sie heutzutage Vögel.) Das war aber nicht die einzige solche Katastrophe. Mindestens vier weitere Male in der Geschichte der Erde gab es ein derart massives Artensterben. Jedes Mal führte es dazu, dass neuartige Lebewesen sich entfalten konnten. Ohne diese rein zufälligen Katastrophen würde es wohl keine Menschen geben. Es ist auch möglich, dass diese Schicksalsschläge die Evolution beschleunigt haben; das Leben gedeiht in Zeiten der Herausforderung.

Wir sind noch nicht ganz fertig mit unserer Geschichte des Lebens. Ein ausschlaggebender Aspekt fehlt noch: das Erscheinen des Bewusstseins und der Intelligenz. Zwar können manche Tiere sich im Spiegel erkennen, aber die volle Entfaltung des Bewusstseins ist zweifellos erst bei den Menschen aufgetreten. Erst die Menschen haben versucht, die Welt präziser zu verstehen, und haben bemerkt, dass sie die Welt auch verändern können, zum Beispiel durch den Bau und Gebrauch von Werkzeugen. Nach (für kosmologische Verhältnisse) erstaunlich kurzer Zeit kamen wir so vom Feuerstein zum Raumschiff.

Diese blitzschnellen Fortschritte der Technik erlauben es uns heute, das All zu erkunden. Und auch unsere Existenz dem Universum mitzuteilen, ob gewollt oder ungewollt. Unsere Teleskope empfangen Strahlen aus dem All, und unsere Radio- und

Fernsehübertragungen fliegen seit fast hundert Jahren ins All. Unsere Ausflüge ins Weltall sind aber noch sehr bescheiden. Menschen waren gerade mal auf dem Mond. Aber Raumsonden kommen schon weiter – immerhin hat es Voyager 1 bereits in den interstellaren Raum geschafft und ist jetzt fast einen Lichttag von der Sonne entfernt. Im Vergleich: Der nächste Stern von der Sonne aus ist vier Lichtjahre entfernt, also mehr als tausendmal so weit.

Falls man den schnellen Fortschritt der letzten Jahrhunderte aber in die Zukunft projiziert, so kann man sich problemlos vorstellen, dass die Erkundung des Sonnensystems in Reichweite liegt und dass mechanische Proben es auch bald bis zu anderen Sternensystemen schaffen können. Sogar mit der heutigen Technologie scheint dies schon möglich: Es gibt die Idee, kleine Sonden von der Größe eines Smartphones mit Laserlicht auf etwa ein Zehntel der Lichtgeschwindigkeit zu beschleunigen. Diese Sonden hätten nach vierzig Jahren das Sternensystem Alpha Centauri erreicht, und ihre zurückgesendeten Daten könnten wir demnach in 44 Jahren empfangen. So ein Projekt ist derzeit eher eine Frage des Willens und der Finanzierung als der technischen Machbarkeit. Und in mehreren Jahrhunderten, wer weiß?

Wenn wir in die weitere Zukunft denken, so scheint es durchaus möglich, dass Mensch und Technik irgendwann miteinander verschmelzen. Meine Kinder und ihre Altersgenossen kleben ja schon am Handy – da kann man es auch gleich ins Hirn einbauen. Sowieso muss es wahrscheinlich eine drastische Änderung in der Menschheit geben. Alle heute lebenden Menschen stammen von nur ein paar Individuen in unserer Vergangenheit ab. Dies ist eine Konsequenz davon, dass unsere Menschensorte, Homo sapiens, vor 200 000 Jahren fast ausstarb (wie es früher oder später alle anderen Menschensorten taten). Es besteht ein klares Risiko, dass die Menschen auf Dauer genetisch nicht genügend divers sind. Vielleicht wird das Verschmelzen von organischer Materie und Technologie neue Möglichkeiten der Evolution hervorbringen, die das Überleben unserer Langzeitnachfahren erlauben. Auch scheint es klar, dass eine Langzeitzivilisation auf der Erde irgendwann nicht mehr genügend Rohstoffe zur Verfügung haben und mehr oder weniger gezwungen sein wird, sich ins All auszubreiten. Man erwartet also, dass fortgeschrittenere Zivilisationen die Galaxie nach und nach besiedeln. Das bringt uns zu unserem Paradoxon: Warum haben wir noch überhaupt keine Anzeichen anderer Zivilisationen im All gesehen?

Bevor wir mögliche Antworten diskutieren, lohnt es sich, die bereits bekannten Aspekte dieser Frage etwas zu vertiefen, hauptsächlich die astrophysikalischen. Eine relevante Frage ist somit: Gibt es viele Planeten im Universum, und eignen die sich für eine Art Leben? Wäre die Antwort Nein, so wäre das Paradoxon schnell gelöst. Bis 2025 hat man aber schon über 7500 Planeten in etwa 5000 uns nahe gelegenen Sternensystemen entdeckt. Und wir befinden uns, soweit wir es beobachten können, in einem ganz normalen Teil unserer Galaxie. Diese enthält so um die 200 Milliarden Sterne. Allein in der Milchstraße gibt es also hochgerechnet 300 Milliarden Planeten. Und es gibt über 200 Milliarden Galaxien im beobachtbaren Teil des Universums. Davon abgesehen könnte man ja auch noch auf größeren Monden sein Zelt aufschlagen.

Es bleibt die Frage, ob man tatsächlich auf all diesen Planeten leben könnte. Das ist schwieriger zu beantworten, eben weil wir nur das Leben auf der Erde kennen. Aber es scheint plausibel, dass man zum Leben flüssiges Wasser gut gebrauchen könnte, dass das Wasser also nicht frieren und nicht verdampfen soll. Und der Planet sollte vielleicht auch eine feste Oberfläche besitzen, eine Atmosphäre usw. Etwa hundert Exoplaneten erfüllen zurzeit alle »lebensfreundlichen« Kriterien, die man aktuell bestimmen kann. Freilich kann es sein, dass die Zahl reduziert werden muss, weil unsere Beobachtungen noch etwas primitiv sind (Exoplaneten zu beobachten ist schwierig, weil sie nicht selbst leuchten, sich aber notgedrungen nahe an einem hellen Stern befinden, der dann blendet). Aber auch wenn die Zahl etwas reduziert wird, so bleiben trotzdem hochgerechnet immer noch unglaublich viele potenziell bewohnbare Planeten im All.

Sind dann vielleicht die Distanzen im All einfach zu groß? Hier gibt es eigentlich zwei Fragen, die wir beantworten sollten – einerseits die Frage, wie weit eine fortgeschrittene Zivilisation vermutlich reisen kann, und andererseits, auf welche Distanz sie Radiosignale und ähnliche Kommunikationen (vielleicht via Gravitationswellen) senden und empfangen kann. Letztere Frage zuerst. Sowohl Licht (egal ob Radio- oder Röntgenstrahlen) als auch Gravitationswellen – oder, noch besser gesagt: Photonen und Gravitonen – fliegen mit Lichtgeschwindigkeit. Die meisten Sterne der Milchstraße sind weniger als 50 000 Lichtjahre entfernt und fast alle weniger als 100 000 Lichtjahre. Es dauert also weniger als 100 000 Jahre, um eine Nachricht durch die Milchstraße zu schicken. Kommen wir zum Reisen. Es scheint durchaus plausibel, dass eine fortgeschrittene Zivilisation ihre Proben mit einem Zehntel der Lichtgeschwindigkeit herumstöbern lassen kann. Aber sagen wir ein Hundertstel der Lichtgeschwindigkeit, um konservativ zu sein. Dann braucht es 10 Millionen Jahre, um die Milchstraße zu durchqueren. Kosmologisch gesehen ist das nicht sehr viel.

Die Erde ist 4,6 Milliarden Jahre alt. Aber auch vor beispielsweise 6 Milliarden Jahren gab es schon sehr viele erdähnliche Planeten in der Milchstraße. Die Bewohner eines dieser Planeten hätten somit 1400 Millionen Jahre Vorsprung auf uns. Da sind 10 Millionen Jahre Erkundungsmission kein Hindernis. Und fortgeschrittene Sonden können sich bestimmt auch unterwegs reparieren und vervielfältigen, es gibt ja genügend Rohstoffe in der Galaxie. So könnten potenzielle Bewohner anderer Planeten sich effizient ausbreiten und einen Großteil der Galaxie in dieser Zeitspanne abdecken. Dies gilt für eine einzige solche Zivilisation. Und hiervon könnten es viele geben, sogar noch deutlich ältere, mit deutlich größerem »Vorsprung durch Alter«.

Eine letzte astrophysikalische Frage sollten wir noch klären: Sind wir sicher, dass wir noch keine Anzeichen Außerirdischer beobachtet haben? Die kurze Antwort: Ja, ziemlich sicher. Gehen wir ein paar Beispiele durch.

Astronomen versuchen, alle elektromagnetischen Signale, die von Teleskopen und Antennen aufgenommen werden, zu verstehen. Und dabei gab es noch kein Signal, das nicht auf ein astrophysikalisches Phänomen zurückgeführt werden konnte. Natürlich gab es Beobachtungen, die anfangs stutzig machten. Ein bekanntes Beispiel ist das der Pulsare – Neutronensterne mit starken Magnetfeldern, die wie Leuchttürme pulsieren. Dies aber gern 500-mal pro Sekunde, mit der Regelmäßigkeit von Atomuhren. Bis verstanden war, dass es sich hier eben um pulsierende Neutronensterne handelt, vermuteten einige, eine solche Präzision könne nur von fortgeschrittenen Zivilisationen erreicht werden.

Es wurden auch noch keine Anzeichen dafür gefunden, dass außerirdische Zivilisationen einen Stern abgedeckt hätten, um dessen Energie besser nutzen zu können. Eine solche sogenannte Dyson-Sphäre würde die Strahlung des Sterns stark verändern, aber eine derartige Veränderung wurde noch nie beobachtet.

Und Stand 2025 wurden bislang drei interstellare Objekte im Sonnensystem entdeckt, also Objekte, die von außerhalb unseres Sonnensystems stammen und an uns vorbeifliegen. Diese wurden 2017, 2019 und 2025 erstmals beobachtet und verdienen eine Erwähnung. Sie geben uns die Gelegenheit, Objekte zu studieren, zu denen man mit aktueller Technik ansonsten mindestens Zehntausende von Jahren unterwegs wäre.

2017 wurde 1I/'Oumuamua entdeckt, leider zu einem Zeitpunkt, an dem 'Oumuamua schon wieder aus dem Sonnensystem hinausflog. (Der Name ist hawaiianisch und bedeutet »Späher«.) 'Oumuamua flog nah an uns vorbei (ein Sechstel der Distanz Erde–Sonne) und war richtig schnell (über 80 Kilometer pro Sekunde). Das Erstaunlichste war, dass man messen konnte, dass

’Oumuamua auch noch beschleunigte. Und dass es sich um ein flaches, längliches Objekt handelte, wahrscheinlich nicht mehr als 200 Meter lang und 30 Meter dick. Dies führte zu Spekulationen, dass es sich um ein abgeworfenes Sonnensegel eines außerirdischen Raumschiffs handeln könnte. Verifizieren kann man das nicht, denn ’Oumuamua werden wir nicht einholen, auch nicht mit einer Sonde. Es ist Konsens unter Astrophysikern, dass es sich eher um einen selten länglichen Asteroiden handelt, der Gas beinhaltet, welcher aus dem Innern entweicht und ’Oumuamua dadurch beschleunigt.

2I/Borisov wurde 2019 entdeckt und ist ein interstellarer Komet. Borisov flog gegen Weihnachten 2019 an uns vorbei (kam aber nicht näher als zweimal die Distanz Erde–Sonne) und ist nun wieder auf dem Weg durch die Galaxie. Allem Anschein nach handelt es sich um einen normalen Kometen, nur eben aus einem anderen Sternensystem.

Und dann gibt es noch 3I/ATLAS, wahrscheinlich auch ein interstellarer Komet. Dessen Flugbahn führt quer durchs Sonnensystem hindurch, an Mars, Sonne (Oktober 2025), Venus, Erde (Dezember 2025) und Jupiter (März 2026) vorbei. Leider bleibt keine Zeit, eine Raumfahrtmission zu planen und zu entsenden, um den Kometen einzuholen und besser zu studieren, da er so schnell ist (etwa 60 Kilometer pro Sekunde). 3I/ATLAS kommt aus der Richtung des Zentrums der Milchstraße. Schätzungen seines Alters belaufen sich auf zwischen 3 und 13 Milliarden Jahren, sodass es gut möglich ist, dass 3I/ATLAS älter als die Erde ist und eine lange Reise hinter sich hat, mit mehreren Umrundungen der Galaxie. Schade, dass wir nicht näher herankommen können.

Damit enden unsere astrophysikalischen Überlegungen. Die Kurzfassung: Direkte Hinweise auf Außerirdische gibt es keine, aber mögliche Wohnorte für intelligentes Leben gäbe es viele.

Zum Abschluss noch ein Kommentar zur Statistik. Man sollte sich bewusst sein, wie seltsam sich Fermis Paradoxon hinsichtlich statistischer Fragen verhält. Wir fragen hier nach Wahrscheinlichkeiten, insbesondere der Wahrscheinlichkeit, dass Leben auf einem Planeten entsteht. Jedoch haben wir nur ein einziges Beispiel hierfür.

Wie wir diskutiert haben, zeigen genetische Studien, dass alles bekannte Leben von gemeinsamen Vorfahren abstammt. Streng genommen können wir also gar keine Statistik betreiben. Wir wissen nur, dass Leben entstehen kann. Wahrscheinlichkeiten hierfür sind notgedrungen nur Schätzungen, basierend auf dem, was man plausibel findet und was nicht. Das macht es so schwierig, das Paradoxon zu lösen. Andererseits wissen wir auch, dass es eine Lösung geben muss, nur dass wir diese noch nicht kennen. Schauen wir uns einfach mal ein paar mögliche Szenarien an.

Abwesenheit muss entschuldigt werden

Viele mögliche Erklärungen des Nichtvorhandenseins Außerirdischer wurden im Laufe der Zeit vorgeschlagen. Ich werde mit den Erklärungen anfangen, die ich persönlich am unplausibelsten finde, und dann die Glaubwürdigkeit der Argumente steigern. Freilich folgt hier keine komplette Liste, so ist es nicht gedacht. Eher folgen (zehn) Beispiele, die zum Denken anregen können.

Die erste Erklärung: *Die Außerirdischen leben unter uns und halten sich versteckt.* Dazu gehört natürlich, dass alle gewonnenen Erkenntnisse über Außerirdische von den Geheimdiensten geheim gehalten werden und dass die Astrophysiker ihre Daten verpfuschen, wann auch immer diese etwas verraten würden.

Zweite Erklärung: *Wir leben in einer Simulation auf einem Rechner einer fortgeschrittenen außerirdischen Zivilisation.*

Dritte Erklärung: *Wir werden von einer fortgeschrittenen Zivilisation wie in einem Zoo gehalten, und es wurde alles so eingerichtet, dass wir denken, wir leben allein in der Natur.*

Zu diesen drei Erklärungen kann ich nur sagen: Paranoia ist auch eine Lebensweise, aber attraktiv ist sie nicht. Die Annahmen hinter solchen Erklärungsversuchen scheinen mir einfach töricht. Man sollte jedoch bedenken, dass man diese Hypothesen nie widerlegen kann – und genau das macht eine Verschwörungstheorie auch aus; genau dieses Merkmal zeigt, dass es sich hier nicht um brauchbare Erklärungen handelt.

Kommen wir zu den soziologischen und ökonomischen Hypothesen.

Vierte Erklärung: *Es ist schwierig und teuer, interstellare Raumschiffe zu bauen, deswegen bleiben die Außerirdischen zu Hause.* Solche Argumente unterschätzen wahrscheinlich sehr stark die Möglichkeiten des technischen Fortschritts. Dazu erklärt dies nicht, warum wir keine Signale von Außerirdischen aufnehmen.

Fünfte Erklärung: *Die Außerirdischen kommunizieren nicht, denn sie sind nur an sich selbst interessiert.*

Sechste Erklärung: *Die Außerirdischen kommunizieren nicht und zeigen sich nicht, denn sie haben Angst, ihre eigene Existenz preiszugeben.* Die Überlegung ist die, dass es noch weiter entwickelte Zivilisationen geben könnte, und diese könnten, zum eigenen Schutz, andere Zivilisationen ausrotten. Dies würden sie tun, um nicht zu riskieren, dass die neuere Zivilisation die ältere überholen und dann vernichten könnte – also eine Art Präventivschlag.

Das Problem bei dieser Art von Erklärung sehe ich darin, dass es immer Ausnahmen gibt. Diese Argumente funktionieren ja nur, wenn sie auf alle außerirdischen Zivilisationen zutreffen.

Und das scheint mir unglaubwürdig. Und sogar, wenn die Außerirdischen versuchen würden, nicht zu kommunizieren, würden doch hin und wieder Unfälle passieren, denken Sie nicht? Zudem sind diese Erklärungen sehr stark am menschlichen Denken orientiert (Sie brauchen nur ein paar Beispiele von Kriegen zu betrachten). Warum sollten alle Außerirdischen genauso denken?

Siebte Erklärung: *Die Technik und die Wissenschaft der Außerirdischen sind völlig anders als die unsrigen, und wir erkennen sie nicht.* Das ist schon ein besseres Argument, aber trotzdem finde ich es nicht glaubwürdig. Soweit wir es beobachtet und ausführlich im ersten Teil dieses Buches beschrieben haben, sind die Naturgesetze überall im beobachtbaren Universum dieselben. Es gibt überall vier Kräfte: die Schwerkraft, den Elektromagnetismus und dazu zwei nukleare Kräfte. Egal was man macht, es muss immer diesen Gesetzen folgen. Die zwei Kräfte, die Kommunikation auf lange Distanz erlauben, sind die Schwerkraft (via Gravitationswellen) und die elektromagnetische Kraft (via Licht; dazu gehören Radiowellen, Infrarotlicht, Röntgenlicht, das ist alles Licht mit unterschiedlichen Wellenlängen). Die Teilchen, die für die nuklearen Kräfte verantwortlich sind, haben eine große Masse und kommen nicht schnell voran; sie eignen sich daher nicht gut zur Kommunikation auf große Distanzen. Außerirdische Technik unterscheidet sich bestimmt sehr von der unsrigen, aber sie muss notgedrungen zu ähnlichen Resultaten kommen und dieselben Elementarteilchen manipulieren. Und das wüssten die Außerirdischen ja dann auch. Es würde also Sinn ergeben, dass sie auch versuchen würden, anhand universeller Eigenschaften zu kommunizieren und solche Eigenschaften (wie, sagen wir mal, die Elemente, die auf deren Planeten oft vorkommen, oder die Form einfacher Moleküle, oder die Zahl Pi in Binärform) in ihre Nachrichten einzubauen.

Und jetzt die plausibleren Ansätze.

Achte Erklärung: *Wir erkennen die Signale nicht, weil sie in ungewohnten Frequenzen oder ungewohntem Tempo übertragen werden.* Das ist so ein bisschen der Gegenpunkt zur vorangegangenen Diskussion. Obwohl die Naturgesetze überall dieselben sind, können Außerirdische doch wohl sehr verschieden von uns sein. Hiermit meine ich nicht unbedingt nur das Aussehen, sondern beispielsweise deren subjektives Empfinden der Zeit. Für uns ist die Sekunde das Maß: Unser Herz schlägt ungefähr im Sekundentakt, unsere Atmungsrate misst sich auch am einfachsten in Sekunden, und stellt uns jemand eine Frage, brauchen wir in der Regel etwa eine Sekunde, bis wir eine Antwort parat haben. Radiosignale, die von der Erde ausgesendet werden, sind daher auch an dieses Tempo angepasst. Doch was ist, wenn bei Außerirdischen das zeitliche Maß eher der Dauer eines unserer Tage entspricht? Und sie eine Million Jahre alt werden? Dann stehen die Chancen schlecht, dass wir deren Übertragungen auch mitkriegen, denn wir beobachten das All erst seit weniger als hundert Jahren mit Radioteleskopen. Dann haben wir vielleicht erst einen einzigen Buchstaben ihrer Nachrichten empfangen können, freilich ohne uns dessen bewusst zu sein. Anders gesagt, vielleicht überschätzen wir unsere Beobachtungsfähigkeiten drastisch.

Neunte Erklärung: *Die Galaxie ist nur teilweise kolonisiert, und wir wohnen in der galaktischen Pampa.* Falls es fortgeschrittene Zivilisationen in unserer Galaxie gibt, so liegt es auf der Hand, dass die ihre Umgebung kolonisiert haben, wenn auch nicht aus Neugier, so zumindest, um sich Rohstoffe zu beschaffen und vielleicht auch einen komfortablen Lebensraum. Doch dies bringt nicht zwingend mit sich, dass eine solche Zivilisation gleich die ganze Galaxie besiedelt hat. Denn die Galaxie ist groß – und wer braucht schon 300 Milliarden Planeten? Und selbst wenn das der ursprüngliche Plan war, scheint es schwierig, einen solch riesigen Raum komplett zu kontrollieren.

Vielleicht lohnt es sich, wenn wir uns die relevanten Skalen nochmals vor Augen führen. Die entferntesten Exoplaneten, die bislang entdeckt wurden, befinden sich in einer Distanz von etwa 30 000 Lichtjahren, und das ist immerhin auch die Distanz von uns zum Zentrum der Galaxie. Aber das sind Einzelfälle. Die allermeisten sind nur ein paar Hundert Lichtjahre entfernt und zudem in begrenzten Richtungen lokalisiert (so hat das Sichtfeld des Kepler-Satelliten zum Beispiel nur ein 400stel des Himmels abgedeckt). Dazu kommt, dass es bislang noch nicht möglich war, Details über die allermeisten Exoplaneten zu gewinnen, wie etwa die Zusammensetzung etwaiger Atmosphären herauszufinden. Auch wenn es auf einigen dieser Planeten Leben geben sollte, kann man daran zweifeln, dass wir dies schon bemerkt haben.

Wechseln wir kurz die Perspektive: Ein stattliches galaktisches Imperium bestehend aus 100 000 Planeten würde nur ein Millionstel des Volumens der Milchstraße einnehmen. Auch wenn es mehrere solche Imperien in der Galaxie gäbe, so wäre es dennoch sehr wahrscheinlich, dass wir zu weit von diesen entfernt wären, um deren Dasein zu beobachten oder deren Signale auflösen zu können.

Zehnte Erklärung: *Intelligenz ist selten*. Denken wir nochmals zurück an die Entwicklung des Lebens auf der Erde. Es hat nur hundert Millionen Jahre gebraucht (vielleicht sogar weniger), bis das erste Leben aus dem initialen Chaos entstand. Das ist nicht lange, wenn man bedenkt, dass Sterne und Planeten problemlos Milliarden Jahre existieren können. Aber es hat über vier Milliarden Jahre gedauert, bis intelligentes Leben entstand. Und das ist wirklich lange – etwa ein Drittel des Alters des Universums. Es stellt sich die Frage, ob intelligentes Leben zwangsläufig entsteht, wenn man lange genug wartet, oder ob dies eher ein Zufall ist. War das Bewusstsein eine unausweichliche Etappe in der Evolution oder ein zufälliges Nebenprodukt? Bringt ausreichende Komplexität automatisch Bewusstsein und Intelligenz mit sich oder zumindest eine Tendenz zur Erkundung des Alls, oder sind wir absolut einzigartige Glückspilze, dass wir über uns selbst und die Welt nachdenken können?

Schauen Sie sich Skizze 11 an. Sie veranschaulicht zwei Möglichkeiten. Die Distanz zum Ausgangspunkt entspricht jeweils dem Grad der Komplexität. So kann ein kleiner Sprung in eine Richtung der Addition eines bestimmten Atoms entsprechen oder (später) einer Genmutation. Realistisch gesehen gibt es sehr viele solche Richtungen, aber auf einem Blatt können wir nur zwei davon darstellen. Kleine Pfeile entsprechen jeweils einer erfolgreichen Etappe in der Evolution. Die Annahme ist, dass solche Etappen rein zufällig zustande kommen. Darauf wirkt dann die natürliche Selektion – sprich, Mutationen, die schädlich sind, lassen wir weg und behalten nur die, die dauerhaft positive Änderungen generieren. Die Entwicklung des Lebens sieht dann wie ein zufälliger Pfad aus, in alle Richtungen hin. Dabei vergrößert sich (im Durchschnitt) stetig die Komplexität.

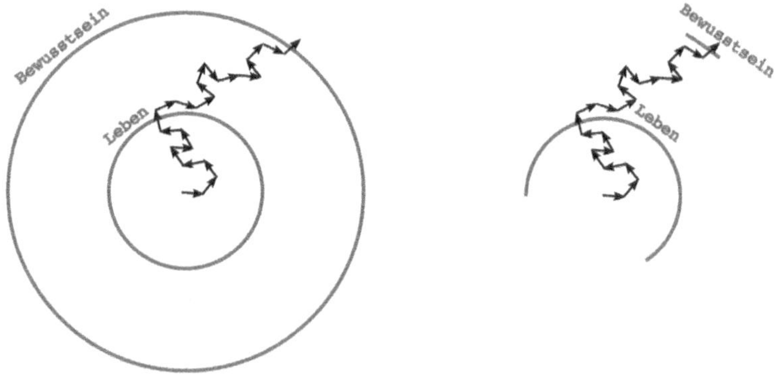

Skizze 12 Zufällige Mutationen und der Weg zum Leben und zum Bewusstsein – eine unausweichliche Entwicklung oder ein Glücksfall?

Links in der Skizze wird die Idee veranschaulicht, dass Leben und Bewusstsein ab einer gewissen Komplexität automatisch hervortreten. Dies entspricht dem Überqueren der Kreise, die mit Leben und Bewusstsein markiert sind. Es ist egal, in welche Richtung der Pfeil sich bewegt, er wird (solange genügend Zeit vorhanden ist) notgedrungen die Kreise nacheinander überqueren, und komplexes Leben führt automatisch zu Bewusstsein und Intelligenz. Rechts hingegen ist die Idee veranschaulicht, dass Leben, und in noch größerem Maße Bewusstsein, nur ganz bestimmten Formen der Komplexität entsprechen könnten. In solch einem Fall ist es keineswegs garantiert, dass der Zufallsweg der Evolution auch zu Leben, geschweige denn zu Bewusstsein und Intelligenz führt. Sogar wenn es Leben an vielen Orten gibt, führt dies nicht automatisch zu intelligentem Leben. Auf der Erde waren auch Milliarden Jahre lang nur Bakterien und Archaeen am Werk, mit denen hätte man aber keine vernünftige Unterhaltung führen können. Gibt es zusätzliche Richtungen, entlang derer die Komplexität zunimmt, so verstärkt sich das Argument, und es wird umso schwieriger, in einer festgelegten Region anzukommen. Realistisch gesehen müsste es sogar eine sehr große Zahl solch möglicher Evolutionsrichtungen geben. Damit würde das Eintreten von Bewusstsein und Intelligenz zur absoluten Seltenheit hochgestuft. Dies würde nicht nur erklären, warum es auf der Erde so lange gedauert hat, bis intelligente Wesen rumliefen, sondern auch suggerieren, dass Intelligenz äußerst selten im Universum sein könnte.

Beachten Sie, dass dieses Argument keinesfalls besagt, dass wir die einzigen intelligenten Wesen sind. Doch könnte es sein, dass intelligente Wesen typischerweise sehr weit voneinander entfernt auftreten, sodass die Chancen klein sein könnten, zwei fortgeschrittene Zivilisationen in derselben Galaxie vorzufinden. Und sie könnten nicht nur räumlich weit voneinander entfernt auftreten, sondern auch zeitlich. So wäre es möglich, dass es vielleicht vor zwei Milliarden Jahren eine fortgeschrittene Zivilisation in der Galaxie M87 gab und vor 500 Millionen Jahren eine in der Whirlpool-Galaxie. Und vielleicht haben diese Zivilisationen »nur« ein paar Dutzend Millionen Jahre überlebt (von solchen Zeitskalen können die Menschen aktuell nur träumen). Dann würden wir nichts von deren Leistungen und deren Untergang erfahren. Jegliche Informationen darüber wären schon längst in den Weiten des Alls verstreut. Genau so könnte aktuell eine grandiose Zivilisation in der Feuerradgalaxie aufsteigen – wegen der räumlichen Distanz würden wir dies aber frühestens in 22 Millionen Jahren mitkriegen.

So sind wir wieder bei unserer Anfangseinsicht angelangt: Das Universum ist groß, sowohl im Raum als auch in der Zeit. Zumindest in Gedanken können wir aber schon eine gute Portion des Universums erkunden. Noch sind wir allein in diesen Erkundungen, aber wir haben ja auch erst kürzlich angefangen, nach unseren Mitbewohnern Ausschau zu halten. Wer weiß – seien wir einfach mal optimistisch –, was alles möglich sein wird, wenn wir eines Tages Kräfte vereinen können. Bis dahin sollten wir das Beste aus unserer Zeit machen und sie genießen. Langweilig wird es nicht werden.

Ausblick

Wie meine Princeton-Kollegen Adam Brown und Alex Dahlen es 2012 einmal so schön ausgedrückt hatten:

»To truly understand everything,
we must understand nothing.«

Das Nichts ist prominent in diesem Buch vertreten, in erstaunlicher Vielseitigkeit. Den größten Impakt auf das Nichts hat zweifellos die Quantentheorie gehabt. Die darin erkannte Unschärfe in Position und Geschwindigkeit, oder genereller in Größe und Veränderung, bevölkert den leeren Raum mit Teilchen, die auftauchen und wieder verschwinden. So ist der leere Raum einer leicht brodelnden Suppe ähnlicher als einer tatsächlichen Leere. Diese »virtuellen« Teilchen verschwinden auch nicht immer – sie können zum Beispiel durch eine Inflationsphase vergrößert werden. Nicht nur das, sie sind womöglich die Samen aller Struktur im Universum, die Urvorfahren von Sternen, Galaxien und letztlich von uns selbst. So verbindet die Kosmologie das Kleinste mit dem Größten.

Und das Nichts kann noch mehr: Eine randlose Abtrennung des Universums vom Nichts kann die Entstehung von Raum und Zeit beschreiben. So kann das ganze Universum als Quantenfluktuation aus dem Nichts entstehen. Und auch wenn wir die Theorie eines randlosen Universums aktuell noch nicht eindeutig testen können, so ist einzig und allein die Fähigkeit, einen Ursprung aus dem Nichts beschreiben zu können, schon ein großer Schritt vorwärts. Dass wir Anfang des 21. Jahrhunderts noch nicht mit Sicherheit sagen können, wie das Universum seinen Anfang nahm, sollte keinesfalls als Mangel bewertet werden. Denn was sollten die Wissenschaftler im nächsten und übernächsten Jahrhundert dann noch tun?

Es stellt sich auch die Frage, inwiefern es je möglich sein wird, den Ursprung des Universums mit Sicherheit zu kennen. Gibt es hier vielleicht eine fundamentale Grenze? Erst wenn die vollständige Theorie der Quantengravitation ausgeklügelt sein wird, werden wir diese Frage beantworten können. Aber man kann davon ausgehen, dass die Unschärfe immer bedeutender wird, je mehr wir uns dem Ursprung des Universums nähern. Hier erlaube ich mir zwei Vermutungen: Erstens, dass die Unschärfe so stark wird, dass wir nicht an die Größe null herankommen werden. Und zweitens, dass das randlose Universum eine effektive Beschreibung genau dieses Effekts ist, will sagen: dass das randlose Universum auch jetzt schon eine grobe Beschreibung des Ursprungs darstellt. Aber vielleicht irre ich mich ja auch, und eine einfallsreiche Person wird eines Tages herausfinden, wie man die Unschärfe überlistet. Das wäre eine interessante Sache.

Und das war noch nicht alles über das Nichts: Die Energie des leeren Raums, also die Dunkle Energie, bestimmt auch noch die derzeitige Ausdehnung des Universums und dessen zukünftige Entwicklung. Wir verstehen das Vakuum noch ungenügend, um zu wissen, ob das Universum sich weiter ausdehnen oder wieder kollabieren wird. Nichts ist bedeutender, als man denkt.

Bis etwa vor 300 Jahren waren Philosophie und Naturwissenschaften weitgehend eins, danach entfernten sie sich immer weiter voneinander, aber die Zeit scheint reif für ein erneutes Zusammenrücken, im erweiterten Sinne. Es gibt eine zentrale Schwierigkeit in der Kosmologie: Wir kennen eine einzige Erde, eine einzige intelligente Spezies, ein einziges Universum. Und dazu hat noch jeder sein eigenes Bewusstsein und seine eigene Erfahrung der Welt. Alles einmalig. Das macht es so schwierig, herauszufinden, was Zufall war in der Entwicklung des Universums und was zwangsläufig passieren musste.

Diese Einmaligkeit führt zu kniffligen Fragen. Denn wenn etwas einmal passieren konnte, so spricht doch nichts dagegen, dass es auch öfter vorkommt. Doch kennen wir kein zweites Beispiel von Leben, von Bewusstsein und von Intelligenz. Nur die Beispiele auf der Erde. Es scheint, als könne man daraus schließen, dass Intelligenz sehr selten ist. Aber das bedeutet vielleicht auch, dass wir noch nicht richtig verstehen, was es dazu braucht. Komplexes Leben allein reicht vielleicht nicht aus.

In den letzten Jahrzehnten hat die künstliche Intelligenz (KI) riesige Fortschritte gemacht. Diese Entwicklungen werden die Frage, was man für Intelligenz braucht, in den kommenden Jahren stark prägen. Denn in der KI wird der generelle Aufbau des Hirns als Inspiration genutzt, mit den stark vernetzten Neuronen und den zahlreichen Rückkopplungsschleifen *(feedback loops)*. Ich denke, niemand würde ein »rohes« KI-Programm intelligent nennen. Aber nach massivem Datenfüttern und dem dazugehörigen Training kann man mit einem solchen Programm ein erstaunlich kohärentes Gespräch führen. Ist ein ähnliches Training nicht auch bei Menschen notwendig, zuerst die neun Monate in der Gebärmutter und dann meist noch über ein Jahr eingetaucht in die Stimuli der Welt, bis man sich mit einem neuen Menschen unterhalten kann? Instinktiv sprechen viele Leute besonders manierlich mit den großen Sprachmodellen (LLMs), obwohl es ja Maschinen sind. Der Unterschied zwischen Mensch und Maschine ist jedenfalls spürbar dabei, zu schrumpfen. Und so wird die KI selbst wohl auch in der Erforschung der KI behilflich sein.

Zurzeit funktioniert die KI als reines klassisches System. In anderen Worten, um die aktuelle KI zu verstehen, braucht man überhaupt keine Quantenphysik. Eine immer noch ungeklärte Frage ist aber die, ob in unserem Hirn auch Quanteneffekte eine Rolle spielen. Die Meinungen hierzu sind geteilt, eben weil es noch kein umfangreiches Verständnis dieser Frage gibt. Ich persönlich meine, dass Bewusstsein und Quantentheorie eng miteinander verbunden sind, weil die Messung in der Quantentheorie der einzige Prozess in der gesamten Physik ist, der die Vergangenheit von der Zukunft trennt und so die Gegenwart hervorbringt. Und unser Bewusstsein ist unsere Gegenwart. Was und ob das etwas mit Intelligenz zu tun hat, weiß noch niemand. Ein Schritt, den ich gespannt erwarte, ist daher das Zusammenbringen von Bewusstseinsforschung, künstlicher Intelligenz und Quantenphysik. Wir sind noch nicht ganz bereit dafür. Aber ich finde es plausibel, dass bei einer solchen Fusionierung in den nächsten Jahrzehnten ein richtiger Sprung nach vorn möglich sein wird.

Doch kommen wir zurück zur Kosmologie. Hier ist die analoge Frage nach der Abwesenheit außerirdischer Zivilisationen noch etwas spektakulärer (und noch spekulativer): Gibt es nur ein Universum oder viele? Wenn ein Universum einmal entstehen kann, warum wiederholt sich das nicht beliebig oft? Aber dann hätten wir wieder eine Unendlichkeit und würden wieder mit allen Rätseln einer Unendlichkeit konfrontiert. Doch falls es keine Unendlichkeit an Universen gibt, sondern tatsächlich nur eines, was hält dann andere Universen davon ab, zu entstehen? Oder ist es vielmehr so, dass jeder Beobachter sein eigenes Universum hat und es keinen Sinn ergibt, an eine Mehrzahl von Universen zu denken? Das Zusammenbringen von Quantentheorie und Relativitätstheorie suggeriert ja schon, dass jeder seinen eigenen Raum und seine eigene Zeit erlebt. So gäbe es zwar unendlich viele mögliche Universen mit unendlich vielen möglichen Geschehnissen, aber unser Bewusstsein würde immer nur eine dieser vielen Möglichkeiten aktualisieren. Und zwar entsprechend der Struktur der Quantentheorie immer so, dass dies mit gemeinsamen Fakten anderer Beobachter (in einem weiten Sinn, also egal, ob das jetzt Menschen, Pflanzen, Maschinen, Steine oder ein paar Salzkörner sind) übereinstimmt.

Wenn man (zu lange?) über diese Fragen nachdenkt, fragt man sich manchmal, ob das Universum tatsächlich etwas Materielles ist oder nur in Gedanken besteht … Da hilft die Welt glücklicherweise aus: In dem Moment, in dem ich mir aus Versehen mit dem Hammer auf den Daumen schlage, habe ich sehr wenig Zweifel, dass es den Hammer auch wirklich gibt.

Also halten Sie den Hammer bereit, und dann steigern wir die Diskussion noch ein letztes Mal. Wir kennen eine einzige Variante der Naturgesetze und, wie mehrmals betont, zeigen unsere Beobachtungen, dass diese Naturgesetze überall und zu jeder Zeit in der Geschichte des Universums dieselben waren. Aber könnte es andere Naturgesetze geben?

Dies scheint möglich zu sein. Ohne allzu große Schwierigkeiten können wir uns vorstellen, dass zum Beispiel die elektrische Kraft etwas anders wäre, oder die nuklearen Kräfte. Oder dass es andere Elementarteilchen geben könnte. Aber wäre Existenz ohne Raum und Zeit möglich? Mit ganz anderen Konzepten? Uns dies vorzustellen, bereitet Schwierigkeiten.

Oder gibt es eventuell eine Ursache, aufgrund derer die Naturgesetze gar nicht anders hätten sein können? Laut Stringtheorie scheint es für die Gesetze in drei großen Raumdimensionen viele Möglichkeiten zu geben – Sie erinnern sich vielleicht: Die Gesetze in drei Dimensionen folgen aus der Geometrie der Zusatzdimensionen sowie den Branen und deren Positionierung. Dafür gibt es zahlreiche Möglichkeiten und entsprechend auch zahlreiche verschiedene Gesetze in den drei großen Raumdimensionen. Diese möglichen dreidimensionalen Gesetze kann man aber alle als Teil der Stringtheorie betrachten. Dann stellt sich die Frage: Ist die Stringtheorie die ultimative Theorie, oder gibt es eine fundamentalere? Und ist sie absolut einzigartig oder gibt es mehrere Varianten? Oder ist sie gar falsch, und wir brauchen einen völlig neuen Ansatz? Hier sind wir noch sehr weit von zufriedenstellenden Antworten entfernt.

All dies wirft eine weitere knifflige Frage auf: Wo sind die Naturgesetze? Bestehen diese unabhängig vom Universum? Auf den ersten Blick würden wir das wohl mit einem klaren Ja beantworten, denn wie sollte das Universum entstanden sein, wenn nicht auf der Grundlage dieser Naturgesetze? Andererseits sind die Naturgesetze ja nur unsere Beschreibung, und die stellt üblicherweise auch nur eine Annäherung an die Realität dar. Wir wissen gar nicht, wie die ultimative Beschreibung ausfallen wird. Und selbst wenn: Wie kann ein Elektron, das nicht mal behalten kann, wie es sich in zwei Richtungen dreht, trotzdem die ultimativen Naturgesetze kennen und sich ihnen entsprechend verhalten? Die Naturgesetze scheinen jedenfalls grundlegender zu sein als ein Elektron. Doch Gesetze heißen Informationen, und als naiver Mensch denkt man, Informationen müssen irgendwo gespeichert sein. Wenn Raum und Zeit aber nicht fundamental sind, dann können Naturgesetze auch nicht in Raum und Zeit gespeichert sein. Vielleicht gibt es doch nur eine Möglichkeit, wie alles zusammenpassen kann, wie ein Knoten, der auseinanderfallen würde, wenn man auch nur ein einziges Seilstück durchtrennen würde. Alles hängt mit allem zusammen, sagt der Guru.

Ich gehe jetzt ein paar Nägel einschlagen.

Dank

Für bereichernde Gespräche über die Themen dieses Buches möchte ich mich herzlich bei meinen Kollegen, Mentoren und Studenten bedanken, in erster Linie bei Andrés Anabalón, Lorenzo Battarra, Sebastian Bramberger, Alice Di Tucci, Shane Farnsworth, Job Feldbrugge, Angelika Fertig, Rhiannon Gwyn, Jonathan Halliwell, Arthur Hebecker, Michal Heller, Thomas Hertog, Anna Ijjas, Oliver Janssen, Matt Johnson, Caroline Jonas, Claus Kiefer, Michael Köhn, George Lavrelashvili, Rahim Leung, Enno Mallwitz, Paul McFadden, Vincent Meyer, Hermann Nicolai, Burt Ovrut, Jim Peebles, Taotao Qiu, Jérôme Quintin, Paul Steinhardt, Stefan Theisen, Neil Turok, Alex Vilenkin, Dan Wesley, mit einem besonderen Gedenken an Jim Hartle und Kelly Stelle.

Ein herzlicher Dank geht auch an Axel Kleinschmidt und das Max-Planck-Institut für Gravitationsphysik (Albert-Einstein-Institut) in Potsdam, wo ich einen großen Teil dieses Buches schreiben konnte.

Die Skizzen und eigenen Abbildungen habe ich mithilfe von *Inkscape* und *Mathematica* generiert.

Ohne die Begeisterung meines Agenten Stephan Meyer wäre dieses Buch nicht zustande gekommen – vielen Dank! Einen großen Dank auch an das Team bei Droemer Knaur, insbesondere Denise Schweida, Jürgen Bolz, Markus Röleke und Martin Kulik.

Nicht zuletzt möchte ich meiner Familie für ihre Unterstützung danken: Jang, Marie-Jeanne, Martine, Luca, Aliyah, Jim, Christiane, Richard, Magali und Lou. Und ganz besonders meiner Frau Linda und unseren Kindern Julien, Caroline und Leander. Nicht alles, was aus dem Nichts entsteht, ist wundervoll. So hat in der Zeit, in der ich dieses Buch schrieb, ein Hirntumor gedroht, vieles zu zerstören. Die Ärztinnen, Ärzte und Pflegeteams der Charité und des Klinikums Ernst von Bergmann/Klinikum Westbrandenburg haben unserem Jüngsten das Leben gerettet. Worte sind hierfür längst nicht stark genug, trotzdem: Danke!

Quellen

Bardeen, J., Steinhardt, P. & Turner, M. (1983): Spontaneous Creation of Almost Scale-Free Density Perturbations in an Inflationary Universe. *Phys. Rev. D 28, 679.*

Bezrukov, F. & Shaposhnikov, M. (2008): The Standard Model Higgs Boson as the Inflaton. *Phys. Lett. B 659, 703–706.*

Birrell, N. & Davies, P. (1982): *Quantum Fields in Curved Space.* Cambridge: Cambridge University Press.

Brown, A. & Dahlen, A. (2012): On ›nothing‹ as an infinitely negatively curved spacetime. *Phys. Rev. D 85, 104026.*

Capra, F. (1975): *The Tao of Physics.* London: Flamingo.

Coleman, S. (1993): *Quantum Mechanics with the Gloves Off.* Dirac Memorial Lecture, Cambridge University, Cambridge/UK. www.damtp.cam.ac.uk/user/ho/Coleman.pdf.

Coleman, S. (1977): The Fate of the False Vacuum. 1. Semiclassical Theory. *Phys. Rev. D 15, 2929–2936. Erratum: Phys. Rev. D 16, 1248.*

Coleman, S. & De Luccia, F. (1980): Gravitational Effects on and of Vacuum Decay. *Phys. Rev. D 21, 3305.*

DESI Collaboration; Abdul Karim, M., et al. (2025): DESI DR2 Results. II. Measurements of Baryon Acoustic Oscillations and Cosmological Constraints. *Phys. Rev. D 112, 083515.*

Di Tucci, A. & Lehners, J.-L. (2019): No-Boundary Proposal as a Path Integral with Robin Boundary Conditions. *Phys. Rev. Lett. 122, 201302.*

Di Tucci, A., Lehners, J.-L. & Sberna, L. (2019): No-Boundary Prescriptions in Lorentzian Quantum Cosmology. *Phys. Rev. D 100, 123543.*

Dodelson, S. (2003): *Modern Cosmology.* Amsterdam: Academic Press.

Erwin, D. (2006): *Extinction.* Princeton: Princeton University Press.

Feldbrugge, J., Lehners, J.-L. & Turok, N. (2017): Lorentzian Quantum Cosmology. *Phys. Rev. D 95, 103508.*

Feynman, R. (1948): Space-time approach to nonrelativistic quantum mechanics. *Rev. Mod. Phys. 20, 367–387.*

Fujibayashi, S., Kiuchi, K., Wanajo, S., Kyutoku, K., Sekiguchi, Y. & Shibata, M. (2023): Comprehensive Study of Mass Ejection and Nucleosynthesis in Binary Neutron Star Mergers Leaving Short-lived Massive Neutron Stars, *Astrophys. J. 942, no. 1, 39.*

Gee, H. (2021): *A (very) short history of life on Earth.* London: Picador.

Gott, III, R., Juric, M., Schlegel, D., Hoyle, F., Vogeley, M., Tegmark, M., Bahcall, N. & Brinkmann, J. (2005): A Map of the Universe. *Astrophys. J. 624, 463.*

Guth, A. (1981): The Inflationary Universe: A Possible Solution to the Horizon and Flatness Problems. *Phys. Rev. D 23, 347–356.*

Hartle, J. & Hawking, S. (1983): Wave Function of the Universe. *Phys. Rev. D 28, 2960–2975.*

Hawking, S. (2013): *My brief history.* London: Bantam Press.

Hawking, S. (1982): The Boundary Conditions of the Universe. *Pontif. Acad. Sci. Scr. Varia 48, 563–574.*

Hertog, T., Janssen, O. & Karlsson, J. (2023): Kontsevich-Segal Criterion in the No-Boundary State Constrains Inflation. *Phys. Rev. Lett. 131, 191501.*

Huterer, D. & Shafer, D. (2018): Dark Energy Two Decades After: Observables, Probes, Consistency Tests. *Rept. Prog. Phys. 81, 016901.*

Khoury, J., Ovrut, B., Steinhardt, P. & Turok, N. (2001): The Ekpyrotic Universe: Colliding Branes and the Origin of the Hot Big Bang. *Phys. Rev. D 64, 123522.*

Lehners, J.-L. (2015): Classical Inflationary and Ekpyrotic Universes in the No-Boundary Wavefunction. *Phys. Rev. D 91, 083525.*

Lehners, J.-L., McFadden, P. & Turok, N. (2007): Colliding Branes in Heterotic M-theory. *Phys. Rev. D 75, 103510.*

Lehners, J.-L., McFadden, P., Turok, N. & Steinhardt, P. (2007): Generating Ekpyrotic Curvature Perturbations before the Big Bang. *Phys. Rev. D 76, 103501.*

Lehners, J.-L. & Quintin, J. (2024): A Small Universe. *Phys. Lett. B 850, 138488.*

Lemaitre, G. (1931): The Beginning of the World from the Point of View of Quantum Theory. *Nature 127, 706.*

Linde, A. (1983): Chaotic Inflation. *Phys. Lett. B 129, 177–181.*

Lukas, A., Ovrut, B., Stelle, K. & Waldram, D. (1999): The Universe as a Domain Wall. *Phys. Rev. D 59, 086001.*

Misner, C., Thorne, K. & Wheeler, J. (1973): *Gravitation.* San Francisco: W. H. Freeman.

Mukhanov, V. & Winitzki, S. (2007): *Introduction to Quantum Effects in Gravity.* Cambridge: Cambridge University Press.

Muller, R. (1978): The Cosmic Background Radiation and the New Aether Drift. *Scientific American Magazine 238, 64.*

Pais, A. (2000): *Raffiniert ist der Herrgott.* Heidelberg: Spektrum.

Planck Collaboration; Aghanim, N., et al. (2020): Planck 2018 Results. I. Overview and the Cosmological Legacy of Planck. *Astron. Astrophys. 641, A1.*

Planck Collaboration; Akrami, Y., et al. (2020): Planck 2018 Results. X. Constraints on Inflation. *Astron. Astrophys. 641, A10.*

Rovelli, C. (1996): Relational Quantum Mechanics. *Int. J. Theor. Phys. 35, 1637–1678.*

Steinhardt, P. & Turok, N. (2002): A Cyclic Model of the Universe. *Science 296, 1436–1439.*

Stelle, K. (1998): BPS Branes in Supergravity. *The ICTP Series in Theoretical Physics 14*, eds. Gava, E. et al., Singapore: World Scientific.

Stelle, K. (1977): Renormalization of Higher Derivative Quantum Gravity. *Phys. Rev. D 16, 953–969.*

Teitelboim, C. (1982): Quantum Mechanics of the Gravitational Field. *Phys. Rev. D 25, 3159.*

Tryon, E. (1973): Is the Universe a Vacuum Fluctuation? *Nature 246, 396.*

Vilenkin, A. (1982): Creation of Universes from Nothing. *Phys. Lett. B 117, 25.*

Witten, E. (1982): Instability of the Kaluza-Klein Vacuum. *Nucl. Phys. B 195, 481–492.*

Woese, C., Kandler, O. & Wheelis, M. (1990): Towards a natural system of organisms: proposal for the domains Archaea, Bacteria, and Eucarya. *Proc. Natl. Acad. Sci. USA, 87 (12), 4576–4579.*

Zurek, W. (2025): *Decoherence and Quantum Darwinism.* Cambridge: Cambridge University Press.

Bildnachweis

Alle Abbildungen im Textteil:
Jean-Luc Lehners

Abbildungen im Bildteil:

Abb. 1	ESA/DLR/FU Berlin
Abb. 2	NASA
Abb. 3	NASA/Goddard Space Flight Center/Arizona State University
Abb. 4	NASA
Abb. 5	NASA, ESA, the Hubble Heritage Team (STScI/AURA) and R. Gendler (for the Hubble Heritage Team); Acknowledgment: J. GaBany
Abb. 6	NASA, ESA, and the Hubble SM4 ERO Team
Abb. 7	EHT Collaboration
Abb. 8	Courtesy Caltech/MIT/LIGO Laboratory
Abb. 9	NASA's James Webb Space Telescope
Abb. 10	NASA's James Webb Space Telescope
Abb. 11	NASA, ESA, CSA, STScI
Abb. 12	Sloan Digital Sky Survey, Daniel Eisenstein and the SDSS-III collaboration
Abb. 13	NASA, ESA, CSA, STScI, CXC; Science: James Jee (Yonsei University, UC Davis), Sangjun Cha (Yonsei University), Kyle Finner (Caltech/IPAC)
Abb. 14	Jean-Luc Lehners
Abb. 15	ESA and the Planck Collaboration
Abb. 16	Dr. Tonomura: Double-slit experiment results
Abb. 17	Jean-Luc Lehners
Abb. 18	Jean-Luc Lehners
Abb. 19	Jean-Luc Lehners unter Verwendung von NASA, ESA, G. Illingworth, D. Magee, and P. Oesch (University of California, Santa Cruz), R. Bouwens (Leiden University), and the HUDF09 Team und ESA and the Planck Collaboration

Lisa Kaltenegger

ALIEN EARTHS

Auf der Suche nach neuen Planeten und außerirdischem Leben

Lavabedeckte Giganten, einsame Wanderer, Himmelskörper mit mehreren Sonnen und die ersten möglichen fremden Erden – all diese Exoplaneten untersucht Lisa Kaltenegger und fragt: Sind wir allein da draußen? Mit ansteckendem Enthusiasmus beschreibt die Astrophysikerin und Direktorin des Carl Sagan Instituts, wie sie in immer neue Welten vorstößt, die unser Bild vom Universum ein ums andere Mal auf den Kopf stellen. Alien Earths ist ein Muss für alle, die mehr wissen wollen über das, was sich in den Weiten des Alls verbirgt und wie wir den Geheimnissen des Nachthimmels auf die Spur kommen.

»Sind wir allein im Universum oder gibt es da draußen noch andere Zivilisationen? Egal, wie die Antwort am Ende ausfällt, eine Vorstellung ist so atemberaubend wie die andere. Die neuesten Erkenntnisse dazu machen die Faszination dieses Buches aus.«

Ulrich Walter, Astronaut,
SPIEGEL-Bestsellerautor

»Lisa Kalteneggers erfrischender Erzählstil lädt dazu ein, die Herausforderungen und Freuden wissenschaftlicher Forschung mitzuerleben.«

Neil Degrasse Tyson

DROEMER

Matthias Maurer
mit Sarah Konrad

COSMIC KISS

Sechs Monate auf der ISS – Eine Liebeserklärung an den Weltraum

Die Faszination unendlicher Weiten:
Matthias Maurers Bestseller jetzt im Taschenbuch

Ganz persönlich erzählt der ESA-Astronaut von seinen galaktischen Abenteuern. Informativ und mitreißend berichtet er von den intensiven Jahren der Vorbereitung und des Trainings, vom Leben in der Schwerelosigkeit und von seinem nächsten großen Ziel: dem Mond.

»Wir fliegen in unseren vierzehnten Sonnenuntergang für heute: Das gerade noch gleißend helle Licht des Feuerballs fällt in einem berauschenden Farbenspiel durch die Atmosphäre und verschwindet hinter dem Horizont. In der Dunkelheit unter mir erkenne ich nun die ersten beleuchteten europäischen Städte. Doch heute ist etwas anders: Inmitten des sonstigen Lichtermeers prangt ein dunkler Fleck.«

Matthias Maurer